高等职业教育精品工程规划教材

Protel 99 SE 印制电路板设计与制作

李福军　杨　雪　主　编

关长伟　刘立军　副主编

電子工業出版社·

Publishing House of Electronics Industry

北京·BEIJING

内 容 简 介

本书根据理实一体化教学的需要，以项目导向、任务驱动为主线，采取项目式的教学方法来编写，将印制电路板设计与制作分为 4 个训练项目，内容包括叮咚门铃的设计与制作、单声道功放的设计与制作、单片机流水灯的设计与制作、电子脉搏计的设计与制作。

本书每个项目都以一个典型应用电路为载体，将电路的 PCB 设计与印制电路板实际制作结合起来。各项目训练内容由浅入深、循序渐进，充分体现了教学做一体化的课程改革新理念。为增强教学效果和拓展技能，在每个项目中配有项目剖析、教学要求、训练题目等环节，在重点和难点之处插入"核心提示"、"工程经验"和"实用技巧"等关键问题，通过这些新颖实用的电路设计制作，从而达到培养学生的实践技能和创新精神的目的。

本书实用性强，可作为高职高专电子信息、仪器仪表、电气自动化、机电一体化、通信、计算机等专业的教材，也可作为同类中等职业学校及电子技术技能培训班的教材，对从事相应工作的工程技术人员也具有参考价值。

图书在版编目（CIP）数据

Protel 99 SE 印制电路板设计与制作 / 李福军，杨雪主编. —北京：电子工业出版社，2014.7

ISBN 978-7-121-23157-5

Ⅰ.①P… Ⅱ.①李…②杨… Ⅲ.①印刷电路—计算机辅助设计—应用软件—高等职业教育—教材Ⅳ.①TN410.2

中国版本图书馆 CIP 数据核字（2014）第 092919 号

策划编辑：郭乃明
责任编辑：郝黎明
印　　刷：北京七彩京通数码快印有限公司
装　　订：北京七彩京通数码快印有限公司
出版发行：电子工业出版社
　　　　　北京市海淀区万寿路 173 信箱　邮编　100036
开　　本：787×1 092　1/16　印张：15.5　字数：396.8 千字
版　　次：2014 年 7 月第 1 版
印　　次：2017 年 12 月第 3 次印刷
定　　价：32.00 元

凡所购买电子工业出版社图书有缺损问题，请向购买书店调换。若书店售缺，请与本社发行部联系，联系及邮购电话：(010) 88254888，88258888。

质量投诉请发邮件至 zlts@phei.com.cn，盗版侵权举报请发邮件至 dbqq@phei.com.cn。

本书咨询联系方式：34825072@qq.com。

前　言

　　印制电路板（PCB，Print Circuit Board）是电子产品的核心部件。目前，国内电子信息相关行业有相当数量的技术人员从事电路设计和制板工作。电子产品的设计归根结底就是印制电路板的设计，利用计算机软件进行电路原理图与 PCB 设计是高职院校电类各专业学生必须掌握的基本技能之一。

　　Protel 软件是国内使用最早和流行最广的以印制电路板为设计目标的设计工具，尽管目前已有 Protel DXP 升级版本，但 Protel 99 SE 因其简单、快捷、实用等优势，更符合高职学生的学习特点，而且仍是目前企业中广泛应用的版本，这也是本书选择这一版本的原因。

　　Protel 99 SE 主要包括三大功能：原理图设计、印制电路板图设计、模数混合电路仿真。根据教学需要，本书主要介绍原理图设计和印制电路板图设计。

　　本书根据企业对一线绘图和制板技术人员的工作岗位和职业技能需要，采取"项目载体、任务驱动"的编写原则和"教学做一体化"的教学模式，遵循学生认知规律和学习特点，由易到难设置了 5 个实际项目，以实际操作为主线完成技能训练，从而掌握电子绘图员、PCB设计师等所必需的专业知识、专业技能及相关的职业能力。

　　本书每个项目内容相互衔接，又各有侧重，在教学中应予以体现，主要内容设置如下：

项目名称	重点训练内容
项目 0　预备知识	了解印制电路板结构功能和 Protel 软件的基本操作
项目 1　叮咚门铃的设计与制作	原理图设计方法，生成各种报表文件（主要是 ERC 电气规则检查表和 NET 网络表），手工绘制 PCB 方法，热转印法制作单面板
项目 2　单声道功放的设计与制作	用向导创建 PCB 文件，自制 SCH 元件符号和 PCB 元件封装，单面板自动布线，手工修改调整，雕刻法制作 PCB
项目 3　单片机流水灯的设计与制作	用网络标号简化原理图设计，PCB 布线规则的设置，双面板的设计方法，PCB 完善方法
项目 4　电子脉搏计的设计与制作	较复杂电路层次原理图设计，由原理图直接更新到 PCB（不用加载网络表），PCB 布局、布线调整方法（交互式预布线），PCB 制作工艺要求

　　本书特色如下：

　　（1）区别于多数 Protel 99 SE 教材只是在计算机上介绍电路原理图与 PCB 的设计方法，将电子电路的 PCB 设计与印制电路板制作相结合，即由计算机设计出 PCB，然后制作出对应电路的印制电路板实物，真正做到学做结合。

　　（2）能使学生体验和熟悉电子产品印制电路板图设计的全过程。能进行 Sch 绘制（包括自制 Sch 元器件符号），会根据实际电路需要选择元器件，确定其封装（包括自己制作元器件的 PCB 封装），设计出符合工艺要求和电气性能要求的 PCB 图。

（3）与电子绘图员职业技能考证相结合，突出课程的实践应用性，加强动手能力和创新能力的训练，注重学生职业能力的培养。

本书所采用的项目载体均为本院和企业的真实作品（产品），编写教师都是具有丰富教学经验和实际设计 PCB 经验的一线教师，他们一直致力于电子线路 CAD 课程项目化的教学改革，多次带领学生参加全国大学生电子设计竞赛并取得全国一、二等奖的优异成绩。

本书由辽宁机电职业技术学院李福军、杨雪、关长伟、刘立军共同编写。其中李福军负责本书的总体设计，并编写了项目 0、项目 2；杨雪编写了项目 1；关长伟编写了项目 4 和技能考核；刘立军编写了项目 3 和附录。在本书的编写过程中，还得到了丹东思凯电子发展有限责任公司和丹东华通测控有限公司的大力支持与帮助，在此一并致谢！

由于编者水平所限，加之时间仓促，书中难免存在差错和疏漏，恳请广大读者批评指正（编者信箱：lifujun0415@163.com）。

编　者

目　　录

项目 0 预备知识

 教学要求

学习目标	任务分解	教学建议
（1）理解印制电路板的相关概念，了解其主要用途	① 认识印制电路板 ② 电子产品的设计流程 ③ PCB 制作工艺	① 学习资讯 通过查阅技术资料或网上查询，提供各种类型的印制电路板给学生观察，了解电子产品的设计方法 ② 学习方法 教学做一体化，以学生为主体
（2）学会有关 Protel 99 SE 软件的基本操作	① Protel 99 SE 软件安装与卸载 ② 创建设计数据库 ③ 基本操作	③ 考核方式 按任务目标着重考核相关知识点。 ④ 建议学时 4 学时

具体要求如下（包括各知识点分数比例）：

1．认识印制电路板的结构、种类及其功能。（25 分）

2．学会安装 Protel 99 SE 软件的方法。（10 分）

3．学会创建、打开一个新的设计数据库。（15 分）

4．熟悉启动各种编辑器的方法，理解各种编辑器的功能。（10 分）

5．掌握文件的导入、导出、剪切、复制、删除、重命名等各种文件的操作。（40 分）

任务 0.1 印制电路板的认识

0.1.1 印制电路板的功能

印制电路板又称电子线路板，英文简称为 PCB（Printed Circuit Board）。印制电路板是通过一定的制作工艺，在绝缘度非常高的基材上覆盖一层导电性能良好的铜箔构成敷铜板，按照 PCB 图的要求，在敷铜板上蚀刻出相关电路的图形，再经钻孔等后处理制成，以供元器件装配所用。

印制电路板在电子设备中有以下主要功能：

（1）提供各种电子元器件（电阻、电容、集成电路等）装配固定的机械支持，如图 0-1 所示。

（2）实现各种电子元器件之间的布线、电气连接或电绝缘，完成所要求的电气特性，如图 0-2 所示。

图 0-1　PCB 装配固定电子元器件

图 0-2　PCB 实现元器件布线、电气连接或电绝缘

（3）为元件插装、检修提供识别字符和图形，为自动焊接提供附焊图形，如图 0-3 所示。

图 0-3　PCB 提供识别字符和图形

电子产品的一般设计流程如图 0-4 所示。由此可见，印制电路板是电子产品设计与制作的关键部件。

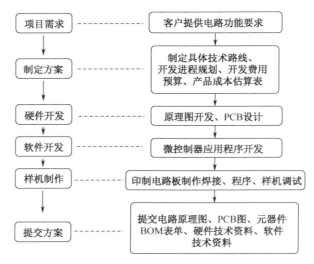

图 0-4　电子产品设计流程

随着电子产品生产自动化技术的不断发展，基本实现了元器件自动插装或贴装、自动焊接与检测，极大地提高了生产效率，同时保证了电子产品的质量。

0.1.2　印制电路板的种类及结构

实际电子产品中使用的印制电路板种类繁多，按照不同的标准划分，印制电路板主要有以下几种分类。

1. 按照导电层数分类

（1）单面板

单面板是指元器件集中在其中一面，导线、焊盘则集中在另一面上。因为导线只出现在其中一面，因此称这种 PCB 为单面印制电路板，其结构示意图如图 0-5 所示。在 Protel 系列绘图软件中，将元件面称为顶层（Top Layer），焊接面称为底层（Bottom Layer）。

由于单面板结构简单、无过孔、造价低、装配方便，是电子产品制作时的首选，适用于一般的电子产品中，如收录机、电视机、计算机显示器等印制电路板一般采用单面板。但是单面板不适用于要求高组装密度或复杂电路的场合。

（2）双面板

双面板是单面板的延伸，当单层布线不能满足电子产品的需要时，就要使用双面板了。双面板两面都有敷铜走线，并且可以通过过孔（Via）来导通两层之间的线路，使之形成所需要的网络连接。双面板的结构示意图如图 0-6 所示。

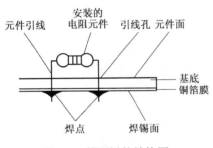

图 0-5　单面板的结构图

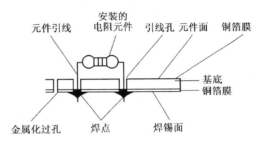

图 0-6　双面板的结构图

> 📺 **核心提示**
>
> 过孔（Via）在双面板电路间起到"桥梁"的作用，它是指 PCB 上充满金属的小洞，可以与两面的导线相连接。

因为双面板可以通过过孔导通到另一面，因此解决了单面板中布线交错的难点问题，布通率较高，借助于地线连接的敷铜区可较好的解决电磁干扰问题，它更适合用于比单面板更复杂的体积较小电路上。多数电子产品如单片机控制板、智能电子仪器仪表等均采用双面板。

（3）多层板

随着大规模集成电路的不断发展，元件引脚数目迅速增加，工作频率也越来越高，双面板已不能满足布线和电磁屏蔽的要求，于是产生了多层印制电路板。在多层板中，导电层的数目一般为 4、6、8、10 等几种。例如，4 层板的结构如图 0-7 所示，其中顶层、底层是信号线布线层，通常简称信号层；在顶层、底层之间还有中间层（电源层、内地线层）。

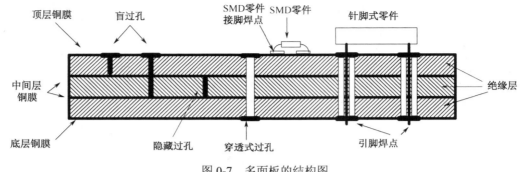

图 0-7　多面板的结构图

📺 **核心提示**

过孔分为三种，即从顶层到底层的穿透式过孔，从顶层到内层或从内层到底层的盲过孔和层间的隐藏过孔。

多层板可布线层数多、走线方便、布通率高、寄生参数小、工作频率高、印制电路板面积更小，有效解决了系统的电磁干扰问题。目前计算机设备如主机板、内存条、高速网卡、显卡等均采用 4 或 6 层印制电路板。

2．按照基材的性质分类

（1）刚性印制电路板

刚性印制电路板的基板材料主要是环氧玻璃布板，还有聚四氟乙烯、纸板、陶瓷等刚性材料。刚性印制电路板具有一定的机械强度，在常温下有一定硬度，不易弯曲变形。一般电子产品中使用的都是刚性印制电路板。

（2）柔性印制电路板

柔性印制电路板的基材多为软性聚酯材料，铜箔与基材用胶黏剂黏合而成。柔性印制电路板一般用于特殊场合，如有些笔记本电脑的显示屏是可以旋转的，其内部往往采用柔性印制电路板；再如手机的翻盖显示屏、按键等。某笔记本电脑的柔性印制电路板如图 0-8 所示，它的基材采用聚酰亚胺，并且对表面进行了防氧化处理。柔性印制电路板的突出特点是能弯曲、卷曲、折叠，能连接刚性印制电路板及活动部件，从而能立体布线，实现三维空间互连，它的体积小、质量轻、装配方便，适用于空间小、组装密度高的电子产品。

图 0-8　柔性印制电路板

3．特殊印制电路板

目前，相继出现了金属芯印制电路板、表面安装印制电路板、碳膜印制电路板等一些特殊印制电路板。

（1）金属芯印制电路板

金属芯印制电路板就是以一块厚度相当的金属板代替环氧玻璃布板，经过特殊处理后，使金属板两面的导体电路相互连通，而和金属部分高度绝缘。金属芯印制电路板的优点是散热性及尺寸稳定性好，这是因为铝、铁等磁性材料有屏蔽作用，可以防止互相干扰。

（2）表面安装印制电路板

表面安装印制电路板是为了满足电子产品"轻、薄、短、小"的需要，配合引脚密度高、成本低的表面贴装器件的安装工艺（SMT）而开发的印制电路板。该印制电路板有孔径小、线宽及间距小、精度高、基板要求高等特点。

（3）碳膜印制电路板

碳膜印制电路板是在镀铜箔板上制成导体图形后，再印制一层碳膜形成触点或跨接线（电阻值符合规定要求）的印制电路板。其特点是生产工艺简单、成本低、周期短，具有良好的耐磨性、导电性，能使单面板实现高密度化、产品小型化、轻量化，适用于电话机、录像机及电子琴等产品。

【相关知识】印制电路板的基本构成要素

如图 0-9 所示是一块未焊接电子元件的印制电路板（裸板），其基本构成要素主要有以下几个方面。

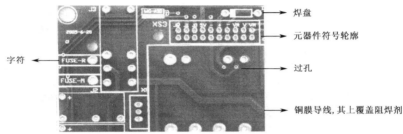

图 0-9　裸印制电路板结构图

（1）铜膜导线：用于各导电对象之间的连接，由铜箔构成，具有导电特性。
（2）焊盘：用于放置焊锡、连接导线和元器件引脚，由铜箔构成，具有导电特性。
（3）过孔：用于连接印制电路板不同板层的铜膜导线，由铜箔构成，具有导电特性。
（4）元器件符号轮廓：表示元器件实际所占空间大小，不具有导电特性。
（5）字符：可以是元器件的标号、标注或其他需要标注的内容，不具有导电特性。
（6）阻焊剂：为防止焊接时焊锡溢出造成短路，需在铜膜导线上涂覆一层阻焊剂。阻焊剂只留出焊点的位置，而将铜膜导线覆盖住，不具有导电特性。

0.1.3　印制电路板的制作工艺

印制电路板的制作方法很多，可以将画好的 PCB 交给专业厂家来做，这种方法适于批量较大的 PCB 制作，但制作周期较长，一般需要 1 周以上时间，且成本较高。对于批量较小又急于使用印制电路板的情况，只要不是多层板，往往采用业余方法自己制作，自制 PCB 主要有热转印法、雕刻法、光绘法等。

单、双面板的专业加工制作工艺流程如图 0-10 和图 0-11 所示，此流程也可在业余自制 PCB 时参考使用。双面板的制作主要是在单面板基础上，采用金属化过孔和电镀工艺使两面相关的铜膜导线连接起来。

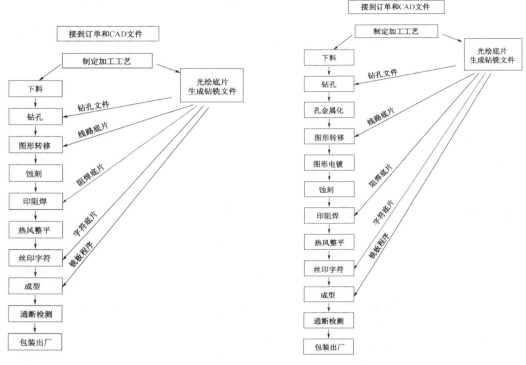

图 0-10　单面板的加工工艺流程　　　　图 0-11　双面板的加工工艺流程

印制电路板的制造工艺发展很快，不同类型和不同要求的 PCB 采取不同的工艺，但其基本工艺流程是一致的。一般都要经历胶片制版、图形转移、化学蚀刻、过孔和铜箔处理、助焊和阻焊处理等过程。

【相关知识】PCB 的业余制作方法

根据所采用图形转移的方法不同，PCB 的手工制作可用贴图法、刀刻法、光印板法及热转印法等多种方式实现。目前由于光印板法和热转印法制板质量高、无毛刺而被广泛采用。

1. 贴图法

贴图法是用复印纸把印制电路板图复写到敷铜板上后，先用透明胶把整个敷铜板粘起来，然后用刀把不走线部分的透明胶割开撕掉，再把整个板子放到三氯化铁溶液里面腐蚀。

贴图法制作 PCB 的步骤如下。

（1）将封箱胶带（是一种具有黏胶的胶带）裁成合适的宽度，需要钻孔的线条宽度应在 1.5mm 以上。

（2）按设计图形贴到敷铜板上，贴图时要压紧，否则腐蚀液进入将使图形受损。

（3）放入腐蚀液中进行腐蚀。

2. 刀刻法

刀刻法制作 PCB 的步骤如下。

（1）用复印纸把印制电路板图复写到敷铜板上，图形简单时可用整块胶带将铜箔全部贴上，然后用锋利的刻刀（如工具刀）去除不需要的部分。

（2）用刀将铜箔划透，用镊子或钳子撕去不需要的铜箔；也可用微型砂轮直接在铜箔上磨削出所需图形，不用蚀刻直接制成 PCB。

刀刻法仅适用于线路比较简单、保留铜箔面积较大的电路。刀刻法特别费力，要求走线尽量是直线，所以做出来的板子比较粗糙。但其优点是不用腐蚀，是一种最经济的方法。

3．光印板法

光印板法制作 PCB 的步骤如下。

（1）用打印机把制作好的电路图形打印到胶片上，如果打印双面板，其中某层打印时需设置为镜像。

（2）把胶片覆盖在具有感光膜的敷铜板上，放进曝光箱里进行曝光，时间一般为 1min。双面板两面分别进行曝光。

（3）曝光完毕，拿出敷铜板放进显影液里显影，半分钟后感光层被腐蚀掉，并有墨绿色雾状漂浮。显影完毕可看到，线路部分圆滑饱满，清晰可见，非线路部分呈现黄色铜箔。

（4）把敷铜板放到清水里，清洗干净后擦干。

（5）放进三氯化铁溶液里将非线路部分的铜箔腐蚀掉，然后进行打孔或沉铜。

光印板法适用于电路较复杂而且整体细线较多（可达 0.3mm）的场合，但是此法的制作成本较高。

4．热转印法

热转印法制作 PCB 的步骤如下。

（1）用 Protel 或者其他电子线路 CAD 软件设计好印制电路板的 PCB 图。

（2）用激光打印机把电路图打印在热转印纸上。

（3）用细砂纸擦干净敷铜板，磨平四周，将打印好的热转印纸覆盖在敷铜板上，送入热转印机（温度调到 180～200℃）来回压几次，使熔化的墨粉完全吸附在敷铜板上（如果敷铜板足够平整，可用电熨斗熨烫几次，也能实现图形的转移）。

（4）敷铜板冷却后揭去热转印纸，腐蚀后，即可形成做工精细的 PCB。

热转印法的工艺操作流程如图 0-12 所示。

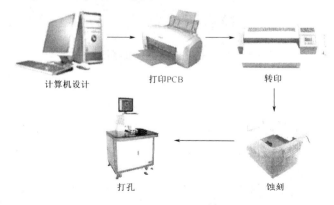

计算机设计　　打印PCB　　转印

打孔　　蚀刻

图 0-12　热转印法工艺流程示意图

任务 0.2 Protel 99 SE 软件初识

0.2.1 电子线路 CAD 的概念

CAD（Computer Aided Design）即"计算机辅助设计"的简称。在计算机技术飞速发展的今天，几乎所有的工业设计项目都有相应的 CAD 软件，如 AutoCAD 软件主要用于机械工程制图中精密零件、模具、设备的设计制作。

电子线路 CAD 的基本含义是使用计算机完成电子线路的设计过程，包括电路原理图编辑、功能仿真、印制电路板设计（包括自动布局与布线）与检测（包括布局、布线规则检测和信号完整性分析）等。此外，电子线路 CAD 软件还能迅速生成各种报表文件（如元器件清单报表等），为元器件的采购和工程决算提供了方便。电子线路 CAD 软件种类较多，如 TANGO、OrCAD、AutoBoard、Protel 等，其功能基本相同。其中 Protel 具有操作简单、方便等特点，自动化程度较高，是目前我国用得最多的电子线路 CAD 软件之一。

> **小知识**
>
> Protel 是澳大利亚 Altium 公司（前身为 Protel 国际有限公司）在 20 世纪 80 年代末推出的电子产品设计软件，其产生和发展历程如图 0-13 所示。在电子行业的 CAD 软件中，它当之无愧地排在众多软件的前面，是电子设计者的首选软件。它较早就在中国开始使用，在国内的普及率也最高，多数高校的电子专业专门开设课程学习它，几乎所有的电子公司都要用到它。现今 Protel 的最新版本为 Protel DXP 2004，但建议初学者开始使用的是 Protel 99 SE。

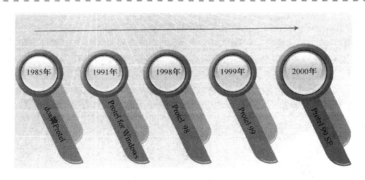

图 0-13 Protel 的产生和发展历程

0.2.2 Protel 99 SE 软件的安装

Protel 99 SE 的安装比较简单，可按照安装向导逐步操作完成，具体步骤如下。

（1）选择 Protel 99 SE 安装文件夹，双击其中的 Setup.exe 文件，启动 Protel 99 SE 安装程序。

（2）单击"安装"对话框中的 Next 按钮，在出现的如图 0-14 所示的对话框中输入用户名、公司名、授权序列号码。

📺 **核心提示**

只有在 Access Code 一栏中输入正确的序列号后才可以继续进行安装，序列号可在 sn.txt 文件中或产品外包装上找到。

（3）继续单击 Next 按钮，在如图 0-15 所示的对话框中选择安装目标路径。

图 0-14 "用户注册"对话框   图 0-15 选择安装目标路径

（4）继续单击 Next 按钮，在如图 0-16 所示对话框中选择安装形式（默认为 Typical 典型安装）。

（5）继续单击 Next 按钮，在如图 0-17 所示对话框中选择文件程序组的名称。

图 0-16 选择安装形式   图 0-17 选择文件程序组

（6）继续单击 Next 按钮，文件开始安装，安装时会显示安装进度，如图 0-18 所示。

（7）安装结束后将显示安装完成界面，单击 Finish 按钮完成主程序安装。

（8）主程序安装结束后，还需要安装补丁程序，它可以使 Protel 99 SE 更加稳定地工作。在对应的安装文件夹中找到 Protel 99 se service pack6.exe 文件并执行安装，进入补丁安装程序的第一个对话框如图 0-19 所示，按照屏幕提示操作即可完成补丁的安装。

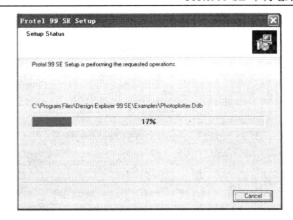

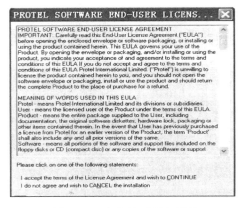

图 0-18　安装进度界面　　　　　　　图 0-19　安装补丁程序提示

0.2.3　创建新的设计数据库

1. Protel 99 SE 的启动与关闭

（1）Protel 99 SE 的启动

Protel 99 SE 的启动有三种方法：在 Windows 桌面上双击 Protel 99 SE 快捷图标即可启动 Protel 99 SE；还可以执行菜单命令"开始→程序→Protel 99 SE"，或直接单击"开始"菜单中 Protel 99 SE 的启动图标，启动后的界面如图 0-20 所示。

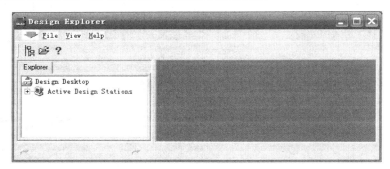

图 0-20　进入 Protel 99 SE 设计环境

（2）Protel 99 SE 的关闭

Protel 99 SE 的关闭有两种方法：单击 Protel 99 SE 软件的"关闭"按钮⊠；还可以执行菜单命令"File→Exit"，如图 0-21 所示。

图 0-21　使用 Protel 99 SE File 菜单下的 Exit 命令

2．创建一个新的设计数据库

要求：在 F 盘创建以"protel"为名的文件夹，并在文件夹中建立名为"text.ddb"的设计数据库文件。

☞【操作方法】

启动 Protel 软件，执行菜单命令"File→New（新建）"，如图 0-22 所示。

图 0-22　Protel 99 SE 的 File 菜单

系统进入设计环境，将弹出如图 0-23 所示的"新建设计数据库"对话框。

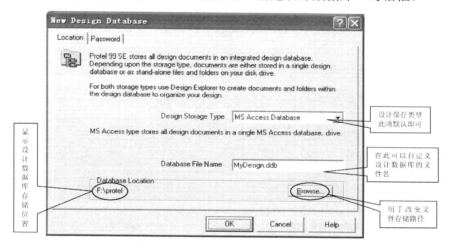

图 0-23　"新建设计数据库"对话框

📺 **核心提示**

① 一般情况下应对设计数据库的默认文件名"MyDesign.ddb"进行重新命名，以方便记忆。

② 事先应在 E 盘或 F 盘下建立一个文件夹（可取名为 Protel、姓名、学号等），作为设计数据库最终存储的位置，以方便今后使用时查找。

（1）Design Storage Type：设计保存类型，可选默认。

（2）Database File Name：设计数据库文件名。

将图 0-23 中的新建设计数据库默认文件名"MyDesign.ddb"改为"text.ddb"（注意：后缀.ddb 一定要保留）。

（3）Database Location：设计数据库的保存路径。

单击 Browse 按钮，选择指定路径→单击"保存"按钮，返回图 0-23→单击 OK 按钮，即建立了一个设计数据库，如图 0-24 所示。

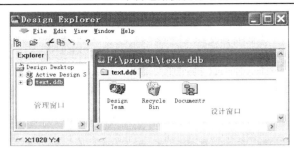

图 0-24　新建的设计数据库

图 0-25　设计数据库文件结构

3．查看设计数据库结构

新建的设计数据库中包括一个 Design Team（设计团队）、一个 Recycle Bin（回收站）和一个 Documents（文件夹），如图 0-25 所示。

（1）Design Team（设计团队）用于存放权限数据。其中 Members 文件夹包含能够访问该设计数据库的所有成员列表；Permissions 文件夹包含各成员的权限列表；Sessions 文件夹是设计数据库的网络管理。

（2）Recycle Bin（回收站）用于存放设计数据库内临时性删除的文档。

（3）Documents（文件夹）一般用于存放用户建立的各种文档。

4．关闭设计数据库

执行菜单命令"File→Close Design"或单击图 0-24 中文件标题栏右侧的"退出"按钮▣，或在设计窗口中的"text.ddb"文件标签上单击鼠标右键，在弹出的快捷菜单中选择 Close。

5．打开设计数据库

方法一：在图 0-20 中执行菜单命令"File→Open"，或单击主工具栏中的 ☞ 按钮，选择要打开的设计数据库文件名，然后单击"打开"按钮即可。

方法二：在 F 盘下搜寻 protel 文件夹，打开该文件夹，找到 text.ddb 文件，打开即可。

0.2.4　Protel 99 SE 文件的基本操作

1．文件的导入与导出

（1）文件的导出

要求： 将系统自带例题 Z80 Microprocessor.ddb 中的原理图文件 CPU Clock.sch 导出到"E: \ 班级姓名学号"文件夹中。

方法一：在 E 盘下新建一个名为"班级姓名学号"的文件夹→在 Protel 99 SE 环境中单击"打开文件"图标→在 C:→Program Files→Design Explorer 99 SE→Examples（系统自带例题的

存放路径）路径下选择 Z80 Microprocessor.ddb → 单击"打开"按钮 → 双击 Z80 Processor 文件夹 → 在 CPU Clock.sch 文件图标上右击 → 在快捷菜单中选择 Export→在弹出的"导出文件"对话框中设定导出文件的路径 E:\班级姓名学号，最后单击"保存"按钮，完成导出操作。

　　方法二：选中导出的文件夹或文件图标，然后执行菜单命令"File→Export"。

（2）文件的导入

　　欲打开导出的文件，应先将其导入到.ddb 设计数据库中。

　　要求：将以上导出的 CPU Clock.sch 原理图文件导入到 text.ddb 的 Documents 文件夹下。

　　方法一：打开 text.ddb→打开 Documents 文件夹，然后在工作窗口的空白处单击鼠标右键→在弹出的快捷菜单中选择 Import→在"导入文件"对话框中找到 CPU Clock.sch 原理图文件，单击"打开"按钮，完成导入文件的操作。

　　方法二：在设计数据库下，执行菜单命令"File→Import"，也可完成文件的导入操作。如选择 Import Folder 命令，则完成导入文件夹的操作。

2．文件的删除与恢复

（1）将文档放入回收站

　　Protel 99 SE 为每个设计数据库建立了一个回收站，可将要临时删除的文档发送到回收站，而不是永久删除。

　　关闭要删除的文档→在文件图标上右击→在快捷菜单中选择 Delete，系统弹出要求确认是否将文档放入回收站的对话框，如图 0-26 所示，选择 Yes 即可。

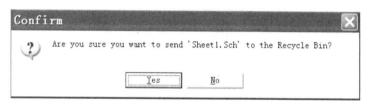

图 0-26　"确认将文档放入回收站"对话框

　💻 **核心提示**

　　在快捷菜单中还有 Cut（剪切）、Copy（复制）、Rename（重命名）等其他命令，读者可对这些命令操作自行练习。

（2）彻底删除文档

　　关闭要删除的文档→在设计窗口选中该文档→按 Shift+Delete 组合键→系统弹出 Confirm（确认）对话框如图 0-27 所示，选择 Yes 即可。

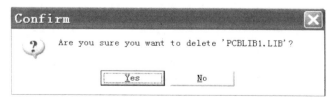

图 0-27　"确认删除文档"对话框

（3）恢复文档

对于已经放入回收站中的文档，系统可以将其按原路径恢复。

在设计窗口打开回收站 Recycle Bin→在要恢复的文件图标上右击，在快捷菜单中选择 Restore，如图 0-28 所示（或选中该文件名执行菜单命令"File→Restore"），则将该文件恢复到原路径下。

（4）清空回收站

在设计窗口打开回收站 Recycle Bin→在空白处右击→选择 Empty Recycle Bin，如图 0-29 所示，即可删除回收站中的所有内容。

图 0-28　恢复文档的操作

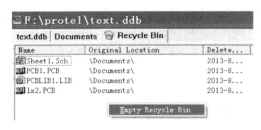

图 0-29　清空回收站的操作

 项目小结

本项目主要介绍了印制电路板的基本结构及 Protel 99 SE 软件操作的相关知识，通过本项目的学习要求掌握以下主要内容：

（1）认识印制电路板组成的基本要素。

（2）熟悉 Protel 99 SE 软件的安装、新建设计数据库等基本操作。

通过本项目的学习能使读者对印制电路板的设计制作过程有一个初步的认识，从而进一步更好地学习其他项目。

 训练题目

1．电子线路 CAD 的基本含义是什么？CAD 软件必须具备哪些功能？

2．印制电路板在电子设备中应具有哪些主要功能？

3．一块标准的 PCB 是由哪些要素构成的？

4．简述光印板法和热转印法制作 PCB 的流程。

5．什么是过孔？其主要作用是什么？

6．如何创建新的设计数据库的路径？

项目 1 叮咚门铃的设计与制作

 项目剖析

叮咚门铃是一种能在按动控制按钮时发出"叮咚"声，用以提示有客来访的电子门铃电路，它以经济耐用、简便悦耳的优点在家居生活中广泛应用。

叮咚门铃是用 NE555 集成电路接成的多谐振荡器。当按下控制按钮，电源经二极管对电解电容充电，电路振荡，扬声器发出"叮"声。松开控制按钮，电解电容储存的电能经电阻放电，此时因又有电阻接入振荡电路，振荡频率变低，使扬声器发出"咚"声。当电解电容上的电能释放一定时间后，集成电路 4 引脚电压低于 1V，此时电路将停止振荡。再按一次按钮，电路将重复上述过程。电解电容的容值和充电电阻的阻值决定了松开控制按钮后余音的长短，一般余音不宜过长。本电路可采用三节 1.5V 电池（4.5V）供电，由电源端口接到电池夹上。

叮咚门铃的实物图如图 1-1 所示。

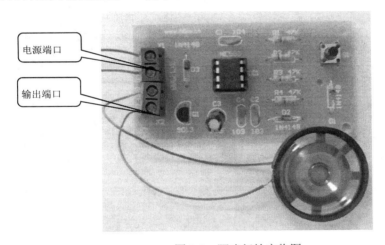

图 1-1　叮咚门铃实物图

本项目设计和制作简单，效果明显，特别适合初学者学习。通过对本项目的学习，读者要能够初步认识印制电路板的设计与制作过程，对其他项目的学习打下坚实的基础。

本项目由以下三个任务组成。

（1）任务 1.1：叮咚门铃原理图设计。

（2）任务 1.2：叮咚门铃 PCB 设计。

（3）任务 1.3：热转印法制作叮咚门铃单面板。

教学要求

学习目标	任务分解	教学建议
（1）学会利用 Protel 99 SE 软件绘制原理图的方法	① 新建原理图文件 ② 设置原理图设计环境 ③ 加载元器件库 ④ 绘制原理图 ⑤ 生成各种报表文件 ⑥ 保存、导出及打印原理图文件	① 学习资讯 提供各种单面板实际电路给学生看，让学生有一个直观的认识 ② 学习方法 教学做一体化，以学生为主体 ③ 考核方式 按任务目标着重考核相关知识点 ④ 建议学时 8～10学时
（2）学会利用 Protel 99 SE 软件绘制 PCB 图的方法	① 新建 PCB 文件 ② 规划板框 ③ 设置 PCB 工作环境 ④ 加载元件封装库 ⑤ 绘制 PCB 单面板 ⑥ 导出 PCB 图 ⑦ 打印 PCB 图	
（3）了解热转印法制作单面板的方法	① 打印 PCB 图到热转印纸上 ② 将热转印纸反贴于敷铜板上，放入热转印机 ③ 配置腐蚀溶液 ④ 腐蚀覆铜板 ⑤ 清洗已腐蚀完成的印制电路板 ⑥ 打孔	

具体要求如下（包括各知识点分数比例）：

1．设置原理图设计环境。（10分）

2．加载元器件库。（5分）

3．绘制原理图。（35分）

4．规划板框。（10分）

5．加载元件封装库。（5分）

6．绘制 PCB 单面板。（35分）

任务 1.1　叮咚门铃原理图设计

1.1.1　新建原理图文件

要求：新建一个叮咚门铃原理图文件。

☞【操作方法】

启动 Protel 99 SE 软件，创建了工程项目后，需要在工程项目里新建一个电路原理图文件。

步骤如下：双击如图 1-2 所示的设计窗口中的 Documents 文件夹图标→执行菜单命令"File→New"（或者在空白处单击右键，选择 New）→弹出如图 1-3 所示的 New Document 对话框→单击选择 Schematic Document 图标→执行菜单命令"Edit→Rename"（或者在文件上单击右键，选择 Rename）→重新命名为"叮咚门铃"，扩展名为.sch→双击文件图标打开文件，弹出原理图编辑界面。

图 1-2 "设计"窗口

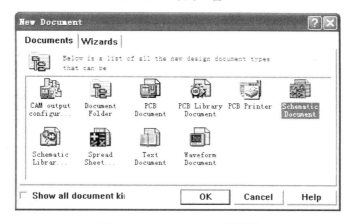

图 1-3 New Document 对话框

【知识链接】新建文件的类型

在图 1-3 所示的 New Document 对话框中，共有 10 个图标，每个图标表示一个文件类型。

（1）CAM Output Configuration：生成 CAM 制造输出配置文件；

（2）Document Folder：文件夹；

（3）PCB Document：印制电路板（PCB）图文件；

（4）PCB Library Document：PCB 元件封装库文件；

（5）PCB Printer：PCB 打印文件；

（6）Schematic Document：原理图文件；

（7）Schematic Library Document：原理图元件库文件；

（8）Spread Sheet Document：表格文件；

（9）Text Document：文本文件；

（10）Waveform Document：波形文件。

1.1.2 设置原理图设计环境

要求： 图纸大小为 A4 水平放置，可视栅格大小为 10mil，光标一次移动一个栅格，标题栏类型为标准型，设计题目为"叮咚门铃电路"，制图者为"雪山工作室"，字体为"宋体"，字体颜色为"223#"，文档编号为"1-1"，显示不含路径的原理图文件名。

☞【操作方法】

1．设置图纸

执行菜单命令"Design→Options…"或者在图纸的空白处单击右键选择 Document Options…，在弹出的 Document Options 对话框中选择 Sheet Options 标签，如图 1-4 所示。

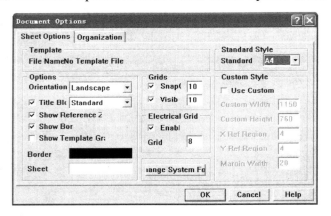

图 1-4　Document Options 对话框 Sheet Options 标签

（1）设置图纸大小为 A4

在 Document Options 对话框的 Standard Style 区域，单击 Standard 旁的下拉按钮选择 A4，操作如图 1-5 所示。

（2）设置图纸水平放置

在 Document Options 对话框的 Options 区域，单击 Orientation 旁的下拉按钮选择 Landscape，操作如图 1-6 所示。

图 1-5　设置图纸大小为 A4　　　　图 1-6　设置图纸水平放置

（3）设置可视栅格大小为 10mil

在 Document Options 对话框的 Grids 区域，选中 Visible 复选框，数字输入 10，操作如图 1-7 所示。

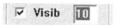

图 1-7　设置可视栅格大小为 10mil

【知识延伸】英制的概念

因为 Protel 为英制国家开创的设计软件，因此图纸一般默认的基本单位为英制 mil（毫英寸），特殊需要时可切换成公制。公、英制的换算关系如下：

1mil=1/1000inch（英寸）=0.0254mm，即 1inch=1000mil=25.4mm；1mm=39.37mil。

（4）设置捕捉栅格（光标一次移动一个栅格）

在 Document Options 对话框的 Grids 区域，选中 Snap On 复选框，数字输入 10，操作如图 1-8 所示。

（5）设置标题栏类型为标准型

在 Document Options 对话框的 Options 区域，选中 Title Block 复选框，单击旁边的下拉按钮选择 Standard，操作如图 1-9 所示。

图 1-8　设置光标一次移动一个栅格

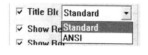

图 1-9　设置标题栏类型为标准型

2. 画面的基本操作

（1）放大画面

方法一：执行菜单命令"View→Zoom In"；

方法二：单击主工具栏图标 ；

方法三：按键盘 Page Up 键。

（2）缩小画面

方法一：执行菜单命令"View→Zoom Out"；

方法二：单击主工具栏图标 ；

方法三：按键盘 Page Down 键。

【经验与技巧】Protel 99 SE 鼠标增强软件

以上放大、缩小画面的方法很不方便且画面不连续，上网下载一个 Protel 99 SE 鼠标增强软件，利用鼠标的滑轮上下滚动便可轻松解决这些问题。本软件为纯绿色软件，体积小、免安装、全免费，复制到硬盘任意地方都可运行。

（3）放大指定区域

执行菜单命令"View→Area"。

（4）刷新画面

方法一：执行菜单命令"View→Refresh"；

方法二：按键盘 End 键。

3．编辑标题栏

（1）执行命令，调出 Document Options 对话框，选择 Organization 标签，按照图 1-10 所示输入相应的内容。

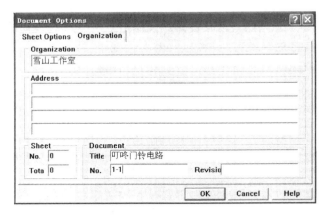

图 1-10　Document Options 对话框 Organization 标签

（2）设置特殊字符串显示模式。

执行菜单命令"Tools→Preferences"→选择 Graphical Editing 标签，在 Options 区域选择 Convert Special String 选项→单击 OK 按钮。

（3）调出特殊字符串。

执行菜单命令"Place→Annotation"（或者单击 Drawing Tools 工具栏中的图标 T）→按键盘 Tab 键，弹出如图 1-11 所示的 Annotation 对话框→在 Text 文本框中输入"叮咚门铃电路"→单击 Change 按钮→选择宋体→单击"确定"按钮→单击 Color 旁边的颜色框→选择 223 颜色→单击 OK 按钮。将字符串"叮咚门铃电路"放置到 Title 区域。

再按键盘 Tab 键→在 Text 文本框中输入"雪山工作室"→单击 OK 按钮。将字符串"雪山工作室"放置到 Drawn By 区域。采用同样的方法将字符串"1-1"放置到 Number 区域。标题栏设置结果如图 1-12 所示。

图 1-11　Annotation 对话框

图 1-12　标题栏设置结果

【相关知识】Document Options 对话框的具体说明

利用 Document Options 对话框可以对原理图设计环境进行设置，具体功能如下。

1．Document Options 对话框 Sheet Options 标签

图 1-4 中各个部分的含义如下。

（1）Options 区域

① Orientation：图纸的方向设置（Landscape：水平横向放置；Portrait：垂直纵向放置）。

② Title Block：图纸的标题栏设置（Standard：标准型；ANSI：美国国家标准协会模式）。

③ Show Reference Zones：显示参考边框。

④ Show Border：显示图纸边框。

⑤ Show Template Graphics：显示用户模板。

⑥ Border：图纸边框颜色的设置。

⑦ Sheet：图纸颜色的设置。

（2）Grids 区域

① SnapOn：捕捉栅格的设置。

② Visible：可视栅格的设置。

（3）Electrical Grid 区域

① Enable：能否自动寻找电气节点。

② Grid：电气节点的距离。

（4）Change System Font 按钮

改变系统字体，单击后弹出"字体"对话框，如图 1-13 所示。

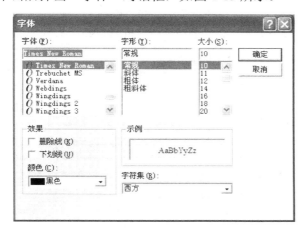

图 1-13　"字体"对话框

（5）Standard Style 区域

Standard：标准图纸。用户可以根据下拉列表框选择相应的图纸规格，标准的图纸尺寸如表 1-1 所示。

表 1-1　标准的图纸尺寸

图纸分类	标准图纸格式	宽度×高度/inch	宽度×高度/mm
英制	A	11×8.5	279.42×215.9
	B	17×11	431.8×279.4
	C	22×17	558.8×431.8
	D	34×22	863.6×558.8
	E	44×34	1078×863.6
公制	A4	11.69×8.27	297×210
	A3	16.54×11.69	420×297
	A2	23.39×16.54	594×420
	A1	33.07×23.39	840×594
	A0	46.8×33.07	1188×840
OrCAD 图纸	OrCAD A	9.9×7.9	251.15×200.66
	OrCAD B	15.4×9.9	391.16×251.15
	OrCAD C	20.6×15.6	523.24×396.24
	OrCAD D	32.6×20.6	828.04×523.24
	OrCAD E	42.8×32.8	1087.12×833.12
其他类型图纸	Letter	11×8.5	279.42×215.92
	Legal	14×8.5	355.6×215.92
	Tabloid	17×11	431.8×279.42

（6）Custom Style 区域

Use Custom：自定义图纸大小，用户需选中此复选框。

① Custom Width：自定义图纸宽度；

② Custom Height：自定义图纸高度；

③ X Ref Region：X 轴方向参考边框划分的等分个数；

④ Y Ref Region：Y 轴方向参考边框划分的等分个数；

⑤ Margin Width：边框宽度。

2．Document Options 对话框 Organization 标签

图 1-10 中各个部分的含义。

（1）Organization 区域：制图者名称。

（2）Address 区域：公司或单位的地址。

（3）Sheet 区域：电路图编号。

① No：本张电路图编号。

② Total：设计文档中电路图的数量。

（4）Document 区域。

① Title：设计题目。

② No：文档的编号。

③ Revision：电路图的版本号。

1.1.3 加载元器件库

要求：加载 Miscellaneous Devices.ddb 和 Sim.ddb 库文件到原理图编辑器中。

☞【操作方法】

如图 1-14 所示，选择 Browse Sch 标签后单击 Add/Remove 按钮（或者执行菜单命令"Design→Add/Remove Library"，或者单击主工具栏图标 📖）→弹出如图 1-15 所示 Change Library File List 对话框 → 查找范围选择路径 C:\Program Files\Design Explorer 99 SE\Library\Sch→在列表中分别双击 Miscellaneous Devices 和 Sim（或者单击文件后单击 Add 按钮），所选的库文件就会出现在 Selected Files 显示框内→单击 OK 按钮。

图 1-14 选择 Add/Remove 示意图　　　　图 1-15 Change Library File List 对话框

📺 **核心提示**

库（Library）文件扩展名为.ddb，是各种元件集中的地方，在绘制原理图之前必须加载有关元件库。

1.1.4 叮咚门铃原理图绘制

要求：绘制如图 1-16 所示的叮咚门铃原理图。

☞【操作方法】

1. 放置元件

执行菜单命令"Place→Part"（或者按快捷键 P-P，或者在 Wiring Tools 工具栏中单击图标 ⊅ ）→弹出 Place Part 对话框→在如图 1-17 所示的对话框中输入对应内容→单击 OK 按钮→光标变成十字形，并且元件符号跟随光标移动→元件调整（键盘 Space 键：旋转方向；键盘 X 键：水平翻转；键盘 Y 键：垂直翻转）→在适当位置单击左键放置好元件→继续弹出 Place

Part 对话框→重复上面的操作，按照表 1-2 所示完成所有元件的放置→单击 Cancel 按钮退出。

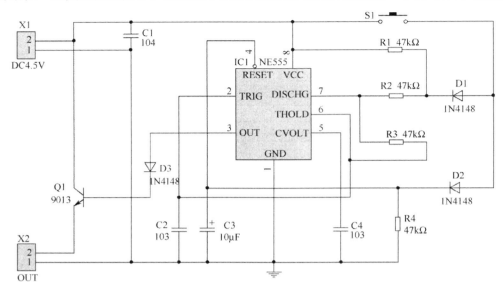

图 1-16 叮咚门铃原理图

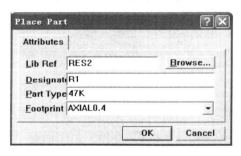

图 1-17 Place Part 对话框

表 1-2 叮咚门铃元件属性列表

Lib Ref（元件名称）	Designator（元件标号）	Part Type（元件标注）	Footprint（元件封装）
RES2	R1	47kΩ	AXIAL0.4
RES2	R2	47kΩ	AXIAL0.4
RES2	R3	47kΩ	AXIAL0.4
RES2	R4	47kΩ	AXIAL0.4
DIODE	D1	1N4148	DIODE0.4
DIODE	D2	1N4148	DIODE0.4
DIODE	D3	1N4148	DIODE0.4
CAP	C1	104	RAD0.2
CAP	C2	103	RAD0.2
CAP	C4	103	RAD0.2

续表

Lib Ref （元件名称）	Designator （元件标号）	Part Type （元件标注）	Footprint （元件封装）
ELECTRO2	C3	10μF	RB.2/.4
CON2	X1	DC4.5V	SIP2
CON2	X2	OUT	SIP2
NPN	Q1	9013	TO-92B
SW-PB	S1		SSW4D
555	IC1	NE555	DIP8

元件放置完毕的电路图如图 1-18 所示。

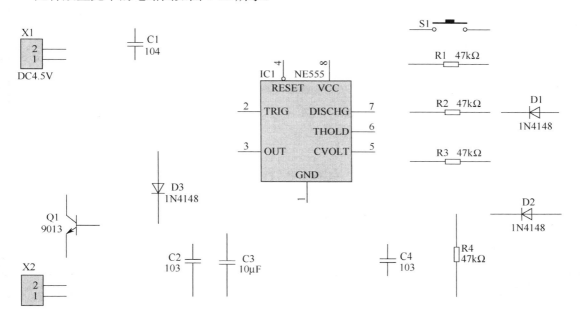

图 1-18　元件放置完毕电路图

【知识链接】常用工具栏介绍

工具栏相对菜单操作更加方便直观，尤其适用于初学者。绘制原理图时常用的工具栏有主工具栏、连线工具栏和绘图工具栏等，执行菜单命令"View→Toolbars"可以显示或隐藏对应的工具栏。

（1）主工具栏（Main Tools）

主工具栏如图 1-19 所示，各个按钮的功能如表 1-3 所示。

图 1-19　主工具栏

表1-3　主工具栏按钮功能

按钮图形	功能	按钮图形	功能
	管理器开关		打开文档
	保存文档		打印
	放大		缩小
	文档缩放显示在整个窗口		打开子图
	原理图与PCB图交互查找		剪切
	粘贴		区域选择
	取消选择		移动选定对象
	绘图工具栏开关		画线工具栏开关
	打开"仿真分析设置"对话框		运行仿真
	"添加/删除元件库"对话框		放置元件
	功能单元序号增量变化		撤销
	恢复		帮助

（2）连线工具栏（Wiring Tools）

连线工具栏如图1-20所示，各个按钮的功能如表1-4所示。

图1-20　连线工具栏

表1-4　连线工具栏按钮功能

按钮图形	对应菜单命令	功能
	Place→Wire	绘制导线
	Place→Bus	绘制总线
	Place→Bus Entry	绘制总线分支线
Net1	Place→Net Label	设置网络标号
	Place→Power Port	放置电源和接地符号
	Place→Part	放置元件
	Place→Sheet Symbol	制作方块电路盘
	Place→Add Sheet Entry	制作方块电路盘输入/输出端口
	Place→Port	制作电路输入/输出端口
	Place→Junction	放置电路节点
	Place→Directives→No ERC	设置忽略电路法则测试
	Place→Directives→PCB Layout	设置PCB布线规则

（3）绘图工具栏（Drawing Tools）

绘图工具栏如图 1-21 所示，各个按钮的功能如表 1-5 所示。

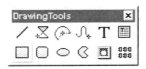

图 1-21　绘图工具栏

表 1-5　绘图工具栏按钮功能

按钮图形	对应菜单命令	功能
╱	Place→Drawing Tools→Line	绘制直线
⊠	Place→Drawing Tools→Polygons	绘制多边形
⌒	Place→Drawing Tools→Elliptical Arcs	绘制椭圆弧线
⋀	Place→Drawing Tools→Beziers	绘制贝塞尔曲线
T	Place→Annotation	输入文字
▦	Place→Text Frame	输入文本框
▢	Place→Drawing Tools→Rectangle	绘制直角矩形
▢	Place→Drawing Tools→Round Rectangle	绘制圆角矩形
⬭	Place→Drawing Tools→Ellipses	绘制椭圆形
◖	Place→Drawing Tools→Pie Charts	绘制饼图
▣	Place→Drawing Tools→Graphic	插入图片
▤	Edit→Paste Array	粘贴阵列

2. 绘制导线

执行菜单命令"Place→Wire"（或者在 Wiring Tools 工具栏中单击图标 ≳ ）→光标变成十字形→在导线的起点处光标出现一个黑圆圈，如图 1-22 所示，单击鼠标左键→在导线拐弯处单击鼠标左键→在导线终点处光标再次出现一个黑圆圈，如图 1-23 所示，单击鼠标左键→单击右键或者按 Esc 键后再继续绘制导线→全部导线绘制完毕后单击右键或者按 Esc 键，退出绘制导线状态。

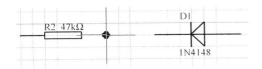

图 1-22　导线连接起点

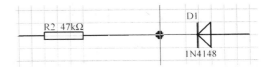

图 1-23　导线连接终点

【注意】导线与导线、导线与元件引脚在连接时，不允许重叠。

导线绘制完毕的电路图如图 1-24 所示。

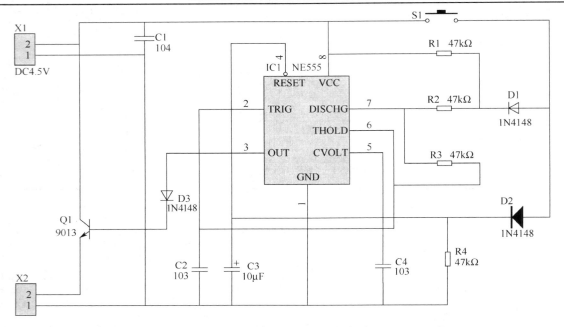

图 1-24 导线绘制完毕的电路图

3. 放置节点

执行菜单命令"Place→Junction"（或者在 Wiring Tools 工具栏中单击图标 ）→光标变成十字形→在对应位置单击鼠标左键→单击右键或者按 Esc 键，退出放置节点状态。

节点放置完毕的电路图如图 1-25 所示。

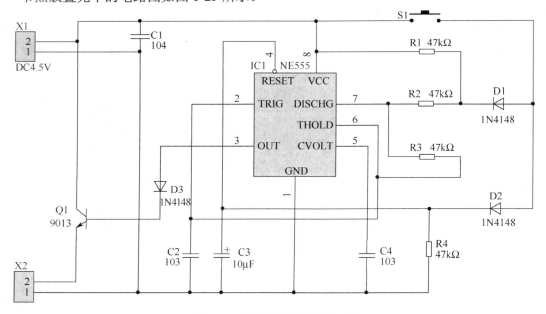

图 1-25 节点放置完毕的电路图

【实用技巧】自动放置电气节点功能设置

执行菜单命令"Tools→Preferences..."，在弹出的对话框内选择 Schematic 标签，对 Options 区域的"Auto-Junction"（自动生成节点）栏进行勾选打"√"，则会在"丁字"形导线的交叉处自动生成节点，如图 1-26（a）所示。若去掉勾选"√"，则不会生成节点，如图 1-26（b）所示。但"十字"交叉的连线无论是否勾选都不会自动加上节点。

（a）勾选　　　　　（b）不勾选　　　　（c）十字交叉连线

图 1-26　"丁字"与"十字"形导线交叉处的电气节点设置效果

4．放置接地符号

执行菜单命令"Place→Power Port"（或者在 Wiring Tools 工具栏中单击图标 ⵜ）→光标变成十字形→按下 Tab 键→弹出 Power Port 对话框→按照图 1-27 所示输入对应内容→单击 OK 按钮→利用 Space 键调整方向→将接地符号放到对应位置→单击右键或者按 Esc 键，退出放置接地符号状态。

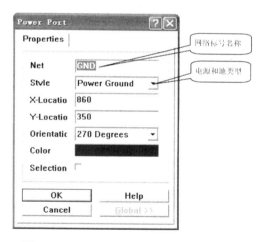

图 1-27　Power Port 对话框

【知识链接】电源与地的不同类型

在 Power Port 对话框中可以编辑电源属性，在 Net 栏中修改电源和接地符号的网络名称（分别默认为 VCC 和 GND），在 Style 栏中则修改电源类型。电源和接地符号在 Style 下拉列表框中有 7 种类型可供选择，分别是：Bar（直线节点）、Circle（圆节点）、Arrow（箭头节点）、Wave（波节点）、Power Ground（电源地）、Signal Ground（信号地）、Earth（接大地），如图 1-28 所示。

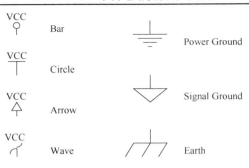

图 1-28　电源与接地符号的类型

绘制完成的电路原理图如图 1-16 所示。

【拓展提高】原理图绘制的相关操作

1. 对象的选择、复制、粘贴、移动、调整和删除

（1）对象的选择

选择单个元件：用鼠标快速单击待选元件，被点的元件的四周出现一个虚框，该元件即被选定，如图 1-29 所示。单击其他元件或者空白处则单个元件选定即被取消。

选择某一区域内元件：执行菜单命令"Edit→Select→Inside Area"，或者单击主工具栏的图标 ，或者按住鼠标左键不放，框中选择对象，则被选对象变成黄色，选择结果如图 1-30 所示。单击主工具栏的图标 可以取消对象的选择。

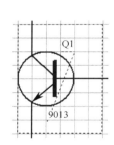

图 1-29　选择单个元件

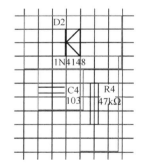

图 1-30　选择某一区域元件

（2）对象的复制

选择对象→执行菜单命令"Edit→Copy"（或者按 Ctrl+C 组合键）→光标变成十字形→单击选择的对象→完成复制。

（3）对象的粘贴

完成对象的复制→执行菜单命令"Edit→Paste"（或者按 Ctrl+V 组合键，或者单击主工具栏的图标 ）→光标变成十字形→在适当位置单击鼠标左键→完成粘贴。

对象的阵列式粘贴：执行菜单命令"Edit→Paste Array"（或者单击 Drawing Tools 工具栏的图标 ）→弹出如图 1-31 所示的 Setup Paste Array 对话框→输入对应内容→在适当位置单

击鼠标左键→完成阵列式粘贴。

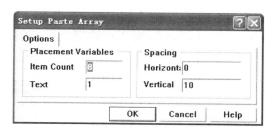

图 1-31 Setup Paste Array 对话框

① Item Count：用于设置所要粘贴的元件的个数；

② Text：用于设置所粘贴的元件序号的增量值；

③ Horizontal：用于设置所要粘贴的元件间的水平间距；

④ Vertical：用于设置所要粘贴的元件间的垂直间距。

（4）对象的移动、旋转和翻转

选定元件后，单击左键不放，通过鼠标来使对象移动；通过 Space 键使对象逆时针方向旋转 90°，结果如图 1-32 所示；通过键盘的 X 键使对象左右对称翻转，结果如图 1-33 所示；通过键盘的 Y 键使对象上下对称翻转，结果如图 1-34 所示，调整完对象后，松开鼠标左键。

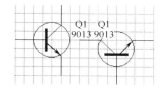
图 1-32 Space 键结果

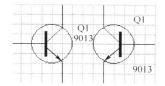
图 1-33 X 键结果

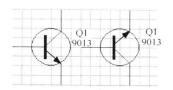
图 1-34 Y 键结果

【注意】执行以上操作的 Space 键、X 键和 Y 键要在英文输入法状态，否则无效。

（5）对象的删除

方法一：执行菜单命令"Edit→Delete"（或按快捷键 E-D）→在需要删除的对象处单击鼠标左键。

方法二：在需要删除的对象处单击鼠标左键使之处于选中状态→按照图 1-35 所示选择对象单击鼠标左键→按 Delete 键。

方法三：选择对象→按 Ctrl+Delete 组合键。

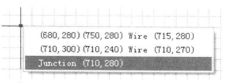

图 1-35 删除节点示意图

2．对象属性的修改

方法一：在放置对象前按 Tab 键进行修改。此法最常用，因其具有属性记忆功能。

方法二：对象放置完好，双击对象进行修改。

方法三：左键单击对象→右键单击→选择 Properties→进行修改。

方法四：执行菜单命令"Edit→Change"→左键单击对象→进行修改。

3. 元件自动编号

元件从元件库取出来时，都没有编号，而是以 R？、C？、U？等形式出现，但每个元件必须有自己独自的名字，即元件编号，如电阻 R1、R2，电容 C1、C2，芯片 U1、U2 等，因此必须给每个元件编号，才能进行后续的 PCB 设计。

自动编号的方法：执行菜单命令"Tools→Annotate"→单击 OK 按钮。

1.1.5 各种报表文件的生成

要求：针对叮咚门铃电路原理图，生成 ERC 电气规则设计校验报告，对原理图设计的正确性进行检查，出现错误进行修改；产生电路原理图元件清单，元件清单包括封装形式和元件描述；生成 Protel 格式的网络表。

☞【操作方法】

1. 生成 ERC 电气规则设计校验报告

打开已经绘制好的"叮咚门铃原理图.sch"文件→执行菜单命令"Tools→ERC"→弹出如图 1-36 所示的设置电气规则测试对话框→单击 OK 按钮→系统生成 ERC 电气规则设计校验报告，并自动将其打开，如图 1-37 所示。

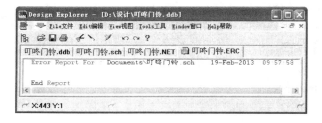

图 1-36 "设置电气规则测试"对话框 　　图 1-37 ERC 电气规则设计校验报告

2. 产生元件清单

执行菜单命令"Reports→Bill of Material"→弹出如图 1-38 所示的"生成元件清单向导"对话框→选中 Sheet 单选按钮→单击 Next 按钮，弹出图 1-39 所示的"选择元件清单中的包含信息"对话框→选中 Footprint 和 Description 复选框→单击 Next 按钮，弹出图 1-40 所示的"元件清单项目标题"对话框→单击 Next 按钮，弹出图 1-41 所示的"选择元件清单格式"对话框→单击 Next 按钮→单击 Finish 按钮→系统将自动生成电子表格式（.xls）的元件清单，如表 1-6 所示。

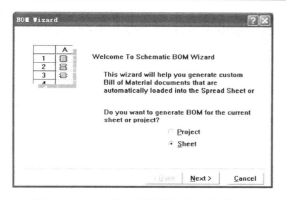

图 1-38 "生成元件清单向导"对话框

图 1-39 "选择元件清单中的包含信息"对话框

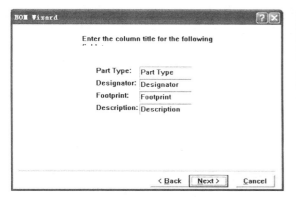

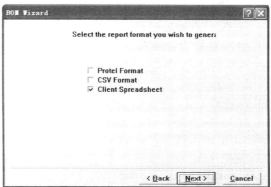

图 1-40 "元件清单项目标题"对话框

图 1-41 "选择元件清单格式"对话框

表 1-6 系统生成的元件清单

1	Part Type	Designator	Footprint	Description
2	1N4148	D1	DIODE0.4	Diode
3	1N4148	D2	DIODE0.4	Diode
4	1N4148	D3	DIODE0.4	Diode
5	10μF	C3	RB.2/.4	Electrolytic Capacitor
6	47kΩ	R3	AXIAL0.4	电阻
7	47kΩ	R4	AXIAL0.4	电阻
8	47kΩ	R2	AXIAL0.4	电阻
9	47kΩ	R1	AXIAL0.4	电阻
10	103	C2	RAD0.2	Capacitor
11	103	C4	RAD0.2	Capacitor
12	104	C1	RAD0.2	Capacitor
13	9013	Q1	TO-92B	NPN Transistor
14	DC4.5V	X1	SIP2	Connector
15	NE555	IC1	DIP8	Timer
16	OUT	X2	SIP2	Connector

图 1-38 中各选项的含义。

（1）Project：产生整个项目的元件清单，该项针对层次原理图。

（2）Sheet：产生当前打开的电路图的元件清单，对于单张原理图选择此项即可。

图 1-39 中各选项的含义。

（1）Footprint：元件清单中包含元件的封装形式。

（2）Description：元件清单中包含元件描述。

图 1-40 中各选项的含义。

（1）Part Type：元件标注。

（2）Designator：元件标号。

（3）Footprint：元件封装形式。

（4）Description：元件描述。

其中，前两项在所有元件清单中都有，后两项是在图 1-40 中选择的。

图 1-41 中各选项的含义。

（1）Protel Format：生成 Protel 格式元件列表，文件扩展名为.bom。

（2）CSV Format：生成 CSV 格式元件列表，文件扩展名为.csv。

（3）Client Spreadsheet：生成电子表格格式元件列表，文件扩展名为.xls。

3．生成网络表

打开叮咚门铃原理图文件→执行菜单命令"Design→Create Netlist"→弹出"网络表设置"对话框，按照图 1-42 所示进行设置→单击 OK 按钮→系统生成 Protel 格式的网络表，并自动将其打开，如图 1-43 所示。

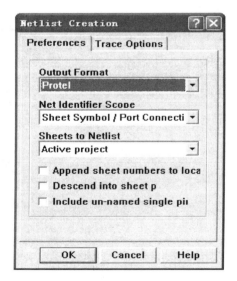

图 1-42 "网络表设置"对话框

图 1-43 网络表文件

【相关知识】ERC 报表与网络表的功能说明

1．"设置电气规则测试"对话框

图 1-36 中各个部分的含义如下。

（1）ERC Options 区域

① Multiple net names on net："同一网络命名多个网络名称"的错误检查。

② Unconnected net labels："未实际连接的网络标号"的警告性检查。

③ Unconnected power objects："未实际连接的电源图件"的警告性检查。

④ Duplicate sheet numbers："电路图编号重号"检查。

⑤ Duplicate component designator："元件编号重号"检查。

⑥ Bus label format errors："总线标号格式错误"检查。

⑦ Floating input pins："输入引脚浮空"检查。

⑧ Suppress warnings："检测项将忽略所有的警告性检测项，不会显示具有警告性错误的测试报告"检查。

（2）Options 区域

① Create report file：检查完成后，系统将自动建立".erc"的报告文件。

② Add error markers：检查完成后，系统会自动在错误位置放置错误符号。

③ Descend into sheet parts：设定检查范围是否包括图纸符号中的电路。

（3）Sheets to Netlist 区域

① Active sheet：只检查当前窗口中的电路图。

② Active project：检查当前项目。

③ Active sheet plus sub sheets：检查当前原理图和其子图。

（4）Net Identifier Scope 区域

① Net Label and Parts Global：网络标号和端口全局有效。

② Only Parts Global：只有 I/O 端口是全局的。

③ Sheet Symbol/Port Connections：表示子图符号 I/O 端口与下一层原理图 I/O 端口同名时，两者在电气上是相连的。

2．ERC 电气规则设计校验报告说明

（1）电路原理图的绘制没有违反电气规则的错误。

在"Error Report For : Documents\叮咚门铃.sch"和"End Report"之间没有任何提示。

（2）电路原理图的绘制有违反电气规则的错误。

在"Error Report For : Documents\叮咚门铃.sch"和"End Report"之间有错误提示。常见的错误及修改方法如下。

① 一个网络存在两个不同的名称。

如图 1-44 所示，检测"一个网络存在两个不同的名称"的错误，将会出现下面的提示：

#1 Error Multiple Net Identifiers : Sheet1.Sch D2 At(505,375) And Sheet1.Sch D3 At (530,375)

出现这样的错误，只需要删去一个网络名称即可。

② 没有实际连接的网络。

如图 1-45 所示，检测"有网络名 D2 而无实际连接的网络"的错误，将会出现下面的提示：

#1 Warning   Unconnected Net Label On Net D2   Sheet1.Sch D2

图 1-44   一个网络存在两个不同的名称   图 1-45   有网络名 D2 而无实际连接的网络

③ 电源网络没有连接。

如图 1-46 所示，检测"电路中电源网络没有连接"的错误，将会出现下面的提示：

#1 Warning   Unconnected Power Object On Net VCC   Sheet1.Sch VCC

#2 Warning   Unconnected Power Object On Net GND   Sheet1.Sch GND

④ 原理图元件序号重叠。

如图 1-47 所示，检测"元件编号重号"的错误，将会出现下面的提示：

#1 Error   Duplicate Designators Sheet1.Sch R2 At (500,370) And Sheet1.Sch R2 At (500,390)

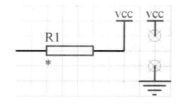
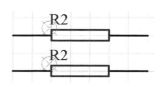

图 1-46   电路中电源网络没有连接   图 1-47   元件编号重号

⑤ 总线格式错误。

如图 1-48 所示，检测"总线格式"的错误，将会出现下面的提示：

#1 Warning   Unconnected Net Label On Net A[0,2]   Sheet1.Sch A[0,2]

⑥ 输入引脚悬空。

如图 1-49 所示，检测"输入引脚悬空"的错误，将会出现下面的提示：

#1 Error   Floating Input Pins On Net NetU1_1   Sheet1.Sch U1_1

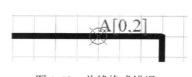
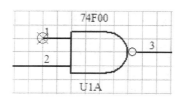

图 1-48   总线格式错误   图 1-49   输入引脚悬空错误

3．"网络表设置"对话框

图 1-42 中各个部分的含义。

（1）Output Format：设置生成网络表的格式。

（2）Net Identifier Scope：设置项目电路图网络标识符的作用范围，本项设置只对层次原理图有效。

（3）Sheets to Netlist：设置生成网络表的电路图范围。

① Active Sheet：只对当前打开的电路图文件产生网络表。

② Active project：对当前打开电路图所在的整个项目产生网络表。

③ Active Sheet Plus Sub Sheets：对当前打开电路图及其子电路图产生网络表。

4. 网络表文件说明

图 1-43 中各个部分的含义。

（1）以"["开始，以"]"结束的内容是元件描述，所有元件都有描述，下面是元件 X2 的描述。

[	----元件声明开始
X2	----元件标号
SIP2	----元件封装
OUT	----元件标注
]	----元件声明结束

（2）以"（"开始，以"）"结束的内容是网络连接描述，所有网络连接都有描述。网络描述中的网络名称，除用户自己定义的以外，其余都是系统自动设置的。下面是 GND 的网络连接描述。

(	----网络定义开始
GND	----网络名称
C1-2	----网络中的第 1 个端点为 C1 的第 2 引脚
C2-2	----网络中的第 2 个端点为 C2 的第 2 引脚
C3-2	----网络中的第 3 个端点为 C3 的第 2 引脚
C4-2	----网络中的第 4 个端点为 C4 的第 2 引脚
IC1-1	----网络中的第 5 个端点为 IC1 的第 1 引脚
R4-1	----网络中的第 6 个端点为 R4 的第 1 引脚
X1-1	----网络中的第 7 个端点为 X1 的第 1 引脚
X2-1	----网络中的第 8 个端点为 X2 的第 1 引脚
)	----网络定义结束

1.1.6　原理图的保存、导出及打印

要求：保存叮咚门铃电路原理图，并将电路原理图导出到 D 盘项目一文件夹中，取名为"叮咚门铃"；将导出的原理图重新导入设计中，并打开；将叮咚门铃原理图插入到 Word 中；最后用 A4 纸横向打印叮咚门铃原理图，打印比例设置为 100%，彩色打印。

☞【操作方法】

1. 保存文件

执行菜单命令"File→Save"或者在主工具栏单击 █ 按钮。

2．导出原理图文件

双击设计窗口 Documents→单击要导出的"叮咚门铃原理图.sch"文件→右击或者单击 File 菜单→选择 Export→弹出如图 1-50 所示的"导出文件"对话框→双击项目一文件夹→文件名处输入"叮咚门铃.sch"→单击"保存"按钮。

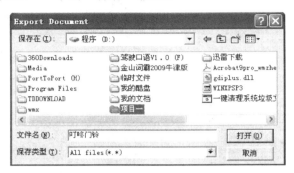

图 1-50　"导出文件"对话框

3．导入原理图文件，并打开

新建设计数据库→双击设计窗口 Documents→在空白处右击或者单击 File 菜单→选择 Import→弹出如图 1-51 所示的"导入文件"对话框→通过查找范围选择导入文件所在路径→单击选择导入文件→单击"打开"按钮或者直接双击导入文件→双击文件图标，打开导入的原理图文件。

图 1-51　"导入文件"对话框

4．将原理图插入到 Word 中

单击 Tools 菜单→选择 Preferences，弹出如图 1-52 所示的 Preferences 对话框→选择 Graphical Editing 标签→ 去掉 Add Template to Clipboard 前面的勾选→单击 OK 按钮→用鼠标选中所要复制的原理图→按 Ctrl+C 组合键→单击被复制部分→打开 Word→在需要粘贴的地方右击选择"粘贴"。

这种对于 Protel DXP 和 Protel 99 SE 都适用。缺点是选择局部原理图时，如果某个元件或者导线没有完全被选中，就没有被复制上剪贴板。但大多数 Protel 用户都是要复制整图的，所以这个方法很适用。

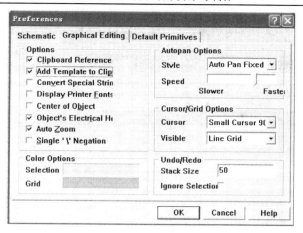

图 1-52　Preferences 对话框 Graphical Editing 标签

5．打印原理图文件

打开"叮咚门铃"原理图→单击 File 菜单→选择 Setup Printer→弹出如图 1-53 所示的"打印机设置"对话框→Color 区域选择 Color→Character Width 处输入 100→单击 Properties 按钮→弹出如图 1-54 所示的"打印设置"对话框→大小选择 A4→方向选择横向→单击"确定"按钮→单击 Print 按钮。

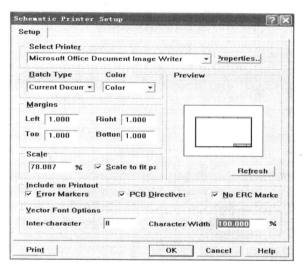

图 1-53　"打印机设置"对话框

图 1-53 中各个部分的含义及设置如下。

（1）Select Printer 区域：选择打印机。

在此区域，设计者用鼠标单击下拉菜单，会出现所配置的打印机，根据实际情况选择适当的打印机类型和输出接口，单击 Properties 按钮进行打印设置。

（2）Batch Type 区域：选择准备打印的电路图文件。

① Current Document：打印当前原理图文件；

图 1-54 "打印设置"对话框

② All Documents：打印当前原理图文件所属项目的所有原理图文件。

（3）Color 区域：打印颜色设置。

① Color：彩色打印输出；

② Monochrome：单色打印输出。

（4）Margins 区域：设置页边空白宽度。

① Left：左页边；

② Right：右页边；

③ Top：上页边；

④ Bottom：下页边。

（5）Scale 区域：缩放比例。

① Scale：缩放范围是 0.001%～400%；

② Scale to fit page：自动充满页面，该选项被选中后打印比例设置不起作用。

（6）Include on Printout 区域：包含在打印范围内。

（7）Vector Font Options 区域：设置矢量字体。

【相关知识】原理图 Preferences 对话框

执行菜单命令"Tools→Preferences"，出现 Preferences 对话框，可以对原理图有关参数做进一步设置。

1. Schematic 标签

Schematic 标签如图 1-55 所示。

（1）Pin Options 区域：用于设置引脚。

（2）Options 区域：用于设置导线交叉及拖动。

（3）Multi-Part Suffix 区域：用于设置多元件芯片中的元件序号。

（4）Default PowerObject Names 区域：用于设置当前地线的名称。

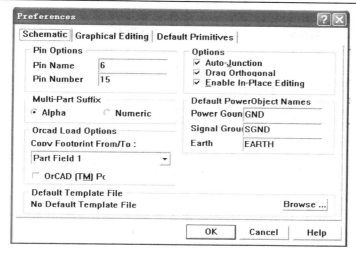

图 1-55　Preferences 对话框的 Schematic 标签

2．Graphical Editing 标签

Graphical Editing 标签如图 1-52 所示。

（1）Options 区域

① Clipboard Reference：剪贴板参考点。

② Add Template to Clipboard：选中后，可将复制或剪贴整个图纸模板到剪贴板。

③ Convert Special Strings：转换特殊字符串。

④ Display Printer Fonts：显示打印字体。

⑤ Object's Electrical Hot Spot：对象电气节点自动对齐。

⑥ Auto Zoom：显示比例自动调整。

（2）Autopan Options 区域

① Style。

Auto Pan Off：取消自动移动图纸。

Auto Pan Fixed Jump：按设置的步长自动移动图纸。

Auto Pan Recenter：以图纸的边沿为新的图纸中心。

② Speed：用于设置图纸移动的速度。

（3）Cursor/Grid Options 区域

① Cursor。

Large Cursor90：大十字形光标。

Small Cursor90：小十字形光标。

Small Cursor45：45°符号型光标。

② Visible。

Dot Grid：点状格点。

Line Grid：线状格点。

（4）Color Options 区域

① Selection：设置被选中对象的颜色。

② Grid：设置栅格颜色。

（5）Undo/Redo 区域

① Stack Size：设置重复、撤销的次数。

② Ignore Selections：忽略选中。

3．Default Primitives 标签

Default Primitives 标签如图 1-56 所示。

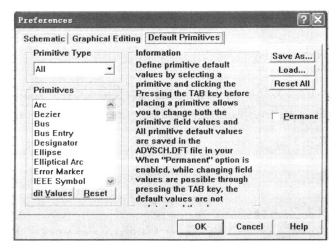

图 1-56　Preferences 对话框 Default Primitives 标签

① Edit Values：编辑对象原始属性。

② Reset All：恢复对象原始属性。

③ Save As：将原始设置另存为文件。

④ Load：加载原始设置文件。

⑤ Permanent：选中后，将会使原始属性不能随意修改。

任务 1.2　叮咚门铃 PCB 设计

【相关知识】印制电路板基本知识

在设计制作印制电路板前，先了解 PCB 的一些基本概念，为学习后续项目打下坚实的理论基础。

1．导线与飞线

金属铜膜导线，简称导线，是分布在各层上连接各个焊点的金属线，是印制电路板最重要的部分，设计印制电路板的主要工作就是围绕如何布置导线来进行的。

与导线有关的另一种线，即预拉线，又称为飞线。飞线是自动布线时供观察用的类似橡皮筋的网络连线，在通过网络表调入元件后就可以看到网络连线的交叉状况，不断调整元件

的位置使这种交叉最少，以获得最大的自动布线的布通率。飞线是在设计印制电路板过程中，Protel 指示给用户元件之间的连接关系线。

导线与飞线有本质区别，导线是根据飞线指示的焊点间连接关系布置的，是具有电气连接关系的物理上的连线。飞线则是一种形式上的连接线，它仅在形式上表示出各个焊点间的连接关系，是非电气性质的连线。

2. 焊盘、过孔

焊盘（Pad）的作用是放置焊锡、连接导线和元件引脚。焊盘是 PCB 设计中最常接触也是最重要的概念，但初学者却容易忽视它，在设计中千篇一律地使用圆形焊盘。选择元件的焊盘类型要综合考虑该元件的形状、大小、布置形式、振动和受热情况、受力方向等因素。

过孔（Via）的作用是连接不同信号层的导线。在各层需要连通的导线交汇处钻上一个公共孔，这就是过孔。工艺上在过孔的孔壁圆柱面上用化学沉积的方法镀上一层金属，用以连通中间各层需要连通的铜箔，而过孔的上下两面做成普通的焊盘形状，可直接与上下两面的线路相通，也可不连。过孔是多层 PCB 的重要组成部分之一，钻孔的费用通常占 PCB 费用的 30%～40%。

从工艺上来说，过孔一般分为三类，即通孔（Through Via）、盲孔（Blind Via）和埋孔（Burried Via）。从顶层贯通到底层的为通孔、从顶层到内层或从内层到底层的为盲孔、连接内层间导线的为埋孔。

3. 丝印层

为方便电路的安装和维修，在印制电路板顶层或底层的表面会印刷上一层丝网印刷面（Silk Screen），称为丝印层。丝印层上主要印刷所需要的标志图案和文字代号等，例如，元件型号和序号、元件外廓形状和厂家标志、生产日期等。通常印上的文字与符号大多是白色的。

不少初学者设计丝印层的有关内容时，只注意文字符号放置得整齐美观，忽略了实际制出的 PCB 效果。他们设计的印制电路板上，字符不是被元件挡住就是把元件标号放置在相邻元件上，这样的设计都将会给装配和维修带来很大不便。正确的丝印层字符布置原则是："不出歧义，见缝插针，美观大方"。

4. 元件封装

元件的封装，是指实际元件焊接在印制电路板上的外观轮廓和焊盘形状尺寸的图，是实际元件的引脚和印制电路板上的焊盘一致的保证。在绘制原理图时，使用的是元件的电路符号；而在设计 PCB 时，使用的就是元件的封装。

元件的封装有两种类型：针脚式封装（THT，Through-hole Components）和表面粘贴式封装（SMT，Surface-mount Components）。针脚式封装又称插入式封装，此类元件带有针脚，针脚必须插入印制电路板的焊孔中，焊孔从顶层贯通到底层；表面粘贴式封装又称贴片式封装，此类元件直接焊接在印制电路板表面（顶层或底层），不需要钻孔，故其体积比针脚式元件小得多，在计算机等现代电子产品中应用广泛。

元件的封装与元件不是一一对应的，不同厂家生产的相同类型元件封装也可能不同；另一方面，不同的元件也可能会使用相同的封装。

下面介绍一些常用的元器件封装，具体使用时请查阅附录 A。

（1）电阻元件

常用的电阻元件有两种：针脚式电阻和贴片式电阻。

常用的针脚式电阻外形如图 1-57（a）所示，在原理图中常用的针脚式电阻符号为 RES1、RES2、RES3、RES4，而在印制电路板上它的常用封装型号为 AXIAL××× 系列。 "AXIAL"表示轴状形状，××× 为数字 0.3～1.0，表示电阻的两个引脚焊点间的距离。例如，AXIAL0.3表示此电阻的两个引脚焊点间的距离为 0.3 英寸（300mil），如图 1-57（b）所示。从图中可以看到电阻的引脚内有一数字，此数字是电阻引脚的焊盘序号。

随着电子产品向微型化的不断发展，贴片式电阻得到了广泛使用。常用的贴片式电阻外形如图 1-57（c）所示，贴片式电阻的封装型号有 0402、0603、0805、1005、1206、1210 等。封装名由两部分组成，前边两个数字表示元件的长度，后边两个数字表示元件的宽度，单位为英寸。例如，0805 表示元件的长度为 0.08 英寸、元件的宽度为 0.05 英寸，如图 1-57（d）所示。

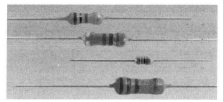

（a）常用的针脚式电阻

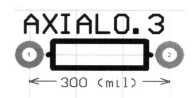

（b）针脚式电阻封装 AXIAL0.3 示意图

（c）常用的贴片式电阻

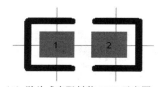

（d）贴片式电阻封装 0805 示意图

图 1-57 常用的电阻元件

（2）电容元件

在原理图中常用的电容分为 CAP（无极性）、ELECTRO1-2（有极性）等。

常用的无极性电容元件如图 1-58（a）所示。无极性电容封装为 RAD 系列，有 RAD0.1～RAD 0.4 四种，后边数字表示两个引脚焊点间的距离，单位为英寸，如 RAD0.1 表示两个引脚焊点间的距离为 0.1 英寸（100mil）。RAD 系列封装如图 1-58（b）所示。

常用的有极性电容元件如图 1-58（c）所示，有极性电容封装为 RB 系列，RB 系列包括RB.2/.4～RB.5/1.0 四种。"/"前边数字表示元件的两个引脚焊点间的距离，"/"后边数字表示元件轮廓的直径，单位也是英寸。例如，RB.2/.4 表示元件两个引脚焊点间的距离为 0.2 英寸、元件轮廓直径是 0.4 英寸，其封装如图 1-58（d）所示。

电容元件也有类似电阻元件一样的贴片式封装形式，这里不再赘述。

（a）常用的无极性电容元件

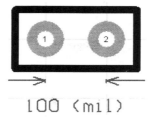

（b）无极性电容封装 RAD 0.1 示意图

（c）常用的有极性电容元件

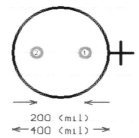

（d）有极性电容封装 RB .2/.4 示意图

图 1-58　常用的电容元件

（3）二极管元件

在原理图中常用的二极管有 DIODE（普通二极管）、DIODE SCHOTTKY（肖特基二极管）、DIODE TUNNEL（隧道二极管）、DIODE VARACTOR（变容二极管）、ZENER1～ZENER3（稳压二极管）等。普通二极管如图 1-59（a）所示。

二极管元件也有针脚式与贴片式两种封装形式。针脚式二极管元件常用的封装为 DIODE0.4 与 DIODE0.7 两种，DIODE 后数字表示元件两个引脚焊点间的距离，单位为英寸。封装如图 1-59（b）和图 1-59（c）所示。

（a）常用的普通针脚式二极管

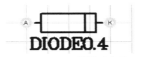

（b）DIODE0.4 封装示意图

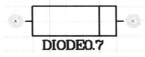

（c）DIODE0.7 封装示意图

图 1-59　常用的二极管元件

（4）三极管元件

在原理图库中有许多种三极管，常见的三极管如图 1-60（a）所示。其针脚式封装形式为 TO 系列，封装如图 1-60（b）所示。

Protel 提供的三极管表面粘贴式封装为 SOT 系列，如 SOT-23、SOT-25、SOT-89、SOT-143 等，封装如图 1-61 所示。

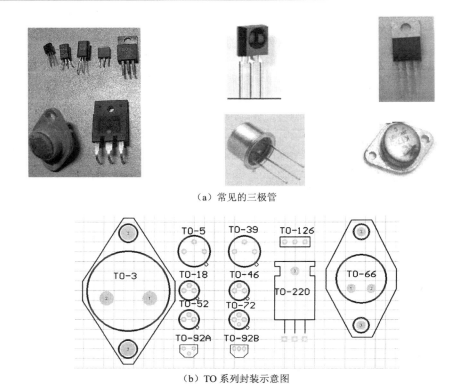

（a）常见的三极管

（b）TO 系列封装示意图

图 1-60　常用的三极管元件

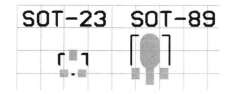

图 1-61　SOT-23、SOT-89 封装示意图

（5）集成电路元件

集成电路的种类众多，其封装形式有 DIP、PLCC、QFP、SOJ、BGA、PGA 等，集成电路外形如图 1-62（a）所示，对应的封装图如图 1-62（b）所示。随着科技的不断发展进步，集成电路必然会出现更多种类的封装形式。

从图中分辨不出 BGA 与 PGA 的区别，它们的区别是 BGA 的引脚是一个球形，PGA 的引脚是一个针形细圆柱。

（6）其他元件封装

除常见元件封装外，还有一些常用封装，如图 1-63 所示。例如，串并标准接口的封装，它们是一对封装，封装为 DB×/×系列，"／"后为 F 的表示凹头，"／"后为 M 的表示凸头。封装 SIP×系列是接插件常用封装。VR×为可调电位器的封装，×代表 1～5，代表 5 种电位器的封装。

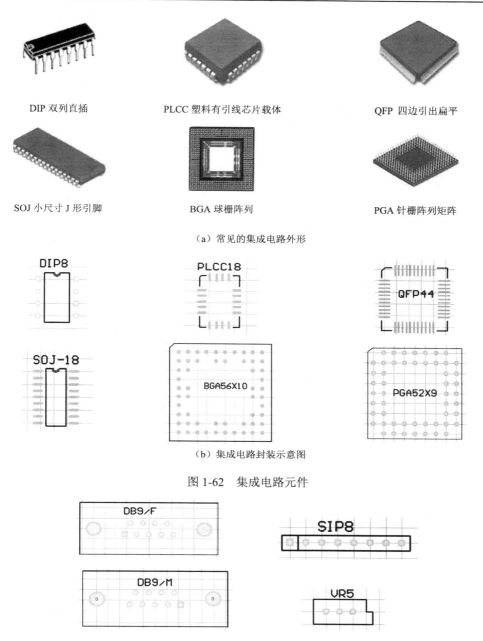

（a）常见的集成电路外形

（b）集成电路封装示意图

图 1-62 集成电路元件

图 1-63 其他常用封装示意图

实际使用时，为元件选择封装不必严格按类型一一对应，只要焊点相符即可。如果没有合适的封装可以自己创建，具体方法将在后面项目讲解。

📺 **核心提示**

对于常用的元件封装，应熟练地将它们背下来，可拆分成两部分来记忆。例如，电阻 AXIAL0.4 可拆成 AXIAL 和 0.4，AXIAL 翻译成中文就是轴状的，0.4 则是该电阻在印制电路板上的焊盘间的距离，即 400mil（因为在电机领域里，是以英制单位为主的）。对有极性的电容如电解电容，其封装为 RB.2/.4 等，其中".2"为焊盘间距，".4"为电容圆筒的外径。对于晶体管，那就直接看它的外形及功率，大功率的晶体管，就用 TO-3；中功率的晶体管，如果是扁平的，就用 TO-220，如果是金属壳的，就用 TO-66；小功率的晶体管，用 TO-5，TO-46，TO-92A 等都可以，反正它的引脚也长，弯一下也可以。对于常用的集成 IC 电路，如 DIP××，就是双列直插的元件封装，DIP14 就是双列，每排有 7 个引脚，两排间距离是 300mil，焊盘间的距离是 100mil，SIP××就是单列的封装。

5．PCB 的层

为方便加工印制电路板和描述印制电路板等，Protel 给层以新的含义，它将每一个功能定义为一个层（Layer）。Protel 99 SE 按功能的不同提供了众多的层，大概可以分为以下 6 个类型。

（1）Signal Layer（信号层）

信号层主要用于放置与信号有关的电气元素，如电子元件、信号走线。包括 Top Layer（顶层）、Bottom Layer（底层）、Midlayer 1～n（中间工作层）。Top Layer 可用于放置电子元件和信号走线，Bottom Layer 用于放置信号走线和焊点，Midlayer 仅放置信号走线。如果用户使用双面印制电路板则不会有 Midlayer。

（2）Internal Plane（内部电源/接地层）

内部电源/接地层主要用于布置电源线及接地线。它们分别为 Plane1～n。在设计 PCB 时可以指定使用某内部电源层的子电路。同 Midlayer 一样用户使用多层印制电路板才会有内部电源层。

（3）Mechanical Layer（机械层）

Protel 最多提供 16 个机械层，分别为 Mechanical 1～16，机械层一般用于放置与制作及装配印制电路板有关的信息，如装配说明、数据资料、印制电路板切割信息、孔洞信息，以及其他有关印制电路板的资料等。

在打印或者绘制其他层时可以将机械层加上，由此带来的好处是可以在机械层上添加一些基准信息。然后在打印或绘制顶层或者底层的同时也可将机械层上基准信息打印或绘制出来。

（4）Solder Mark & Paste Mark（阻焊层及防锡膏层）

Protel 可提供 Top Solder Mark 和 Bottom Solder Mark 两个阻焊层，阻焊层用于在进行设计时匹配焊盘和过孔，能够自动生成。

Paste Mark 同 Solder Mark 类似，但在使用"hot re-flow"（回流焊）技术安装表面粘贴式元件时，Paste Mark 用于设置锡膏层，Protel 99 SE 可提供 Top Paste Mark 和 Bottom Paste Mark 两个防锡膏层。

（5）Silkscreen（丝印层）

丝印层主要用于设置印制信息，如元件轮廓和标注。Protel 99 SE 将元件封装的轮廓和元件的标注自动放置在丝印层上。Protel 可提供 Top Overlayer 和 Bottom Overlayer 两个丝印层。如果元件仅放置在一面，则可以只使用元件所在的丝印层，其他层也如此。

（6）Other（其他层）

其他层包括 Keep Out Layer（禁止布线层）、Multi Layer（多层）、Drill Layer（钻孔层）。

① Keep Out Layer（禁止布线层）用于定义放置元件的区域。在该层上禁止自动布线。在 Keep Out Layer 上由 Track（走线）形成的一个闭合的区域来构成布线区。如果用户要对电路进行自动布局和自动布线，必须在 Keep Out Layer 上设置一个布线区，具体步骤将在后面讲解。

② Multi Layer（多层）是所有信号层的代表，在该层上放置的元件会自动放置在所有信号层上。所以通过 Multi Layer（多层）用户可以快速地将一个对象放置到所有信号层上。

③ Drill Layer（钻孔层）主要用于提供制造时的钻孔信息，如钻孔位置、说明等。包括 Drill Guide（钻孔说明）、Drill Drawing（钻孔制图）两层。Drill Layer（钻孔层）在制作印制电路板时将被自动考虑计算以提供钻孔的信息。

1.2.1 新建印制电路板文件

要求： 新建一个叮咚门铃印制电路板图文件。

☞【操作方法】

启动 Protel 99 SE 软件，创建了工程项目后，需要在工程项目里新建一个印制电路板图（PCB）文件。与新建原理图类似，新建 PCB 文件的方法是双击设计窗口的 Documents 文件夹图标→单击 File 菜单或者在空白处单击右键→选择 New 选项→弹出"新建文件"对话框→双击 PCB Document 图标或者单击图标后单击 OK 按钮→重新命名（扩展名为.pcb）→双击文件图标打开文件。

1.2.2 板框规划与板层认识

要求： 设置原点，并以板框的左下角为当前坐标原点（0,0），绘制 PCB 文件的物理边框和电气边框，边框宽 2000mil，高 1420 mil。

☞【操作方法】

1. 设置原点

方法一：执行菜单命令"Edit→Origin→Set"→用十字光标在某个位置单击左键，该处即为坐标原点。

方法二：在如图 1-64 所示的 PCB 放置工具栏中单击图标⊠→用十字光标在某个位置单击左键，该处即为坐标原点。

图 1-64   PCB 放置工具栏

如图 1-64 所示的 PCB 放置工具栏中各个按钮功能详如表 1-7 所示。

表 1-7   PCB 放置工具栏按钮功能

按钮图形	功能	按钮图形	功能
⌐⁴	交互式布线（有网络）	⫴	放置元件
≈	绘制连线（无网络）	⟳	边缘法绘制圆弧
◉	放置焊盘	⟳	中心法绘制圆弧
⌐	放置过孔	⟳	边缘法绘制任意角度圆弧
T	放置字符串	⟳	绘制整个圆弧
+¹⁰'¹⁰	放置坐标标注	▢	放置矩形填充（地）
⊿¹⁰	放置尺寸标注	◢	放置多边形填充（敷铜）
⊗	放置坐标原点	▱	放置内部电源/接地层
▨	放置限制元件的区域	▦	将剪贴板中的内容粘贴到工作平面

📺 **核心提示**

当光标放置在原点位置时，屏幕的左下方的坐标值应为（0，0）。如果没有坐标显示，可以执行菜单命令"View→Status Bar"。

2．显示坐标原点标志

执行菜单命令"Tools→Preferences"→弹出 Preferences 对话框→选择 Display 标签→如图 1-65 所示选中 Origin Marker 复选框→单击 OK 按钮→坐标原点标志显示结果如图 1-66 所示。

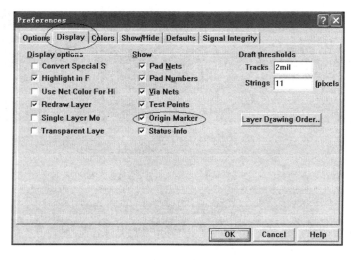

图 1-65   Preferences 对话框

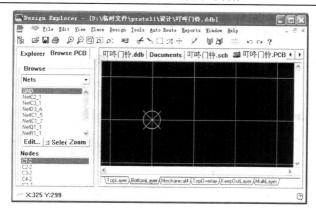

图 1-66　坐标原点标志显示结果

3．创建机械层

执行菜单命令"Design→Mechanical Layer…"→弹出如图 1-67 所示的 Setup Mechanical Layers 对话框→在第一个机械层 Mechanical 后的方框中打"√"号→在自动出来的 Mechanical4 后的方框中打"√"号→单击 OK 按钮→执行菜单命令"Design→Options"→弹出 Document Options 对话框→选中 Layers 标签（图 1-68）→在 Mechanical layers 区域的 Mechanical4 前框中打"√"→单击 OK 按钮→Mechanical4 层标签就会出现在 PCB 绘图环境中，如图 1-69 所示。

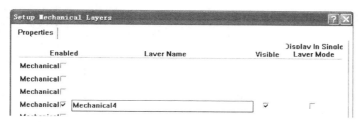

图 1-67　Setup Mechanical Layers 对话框

在图 1-67 中的 Visible 选项表示是否可见，选中则该层可见。

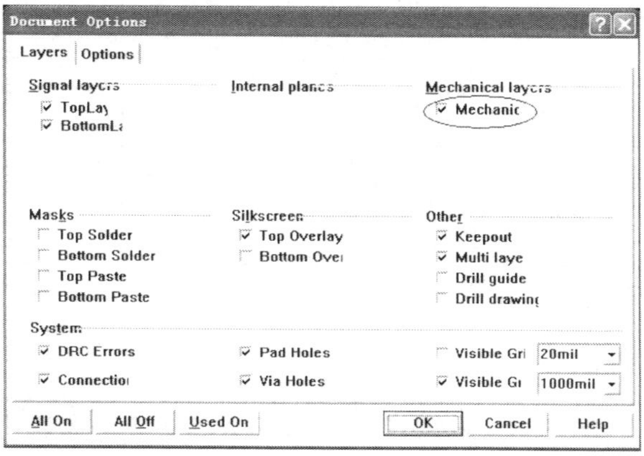

图 1-68　Document Options 对话框 Layers 标签

图 1-69　Mechanical4 标签

4．绘制物理边框

方法一：单击图 1-69 所示的 Mechanical4 标签→在如图 1-64 所示的 PCB 放置工具栏中单击图标 →在原点处单击鼠标左键，水平向右移动鼠标→当显示为 2000mil 时再次单击左键→再次在原点处单击鼠标左键，垂直向下移动鼠标→当显示为 1420mil 时单击左键→单击右键退出尺寸标注功能→单击 PCB 放置工具栏中的图标 →以当前原点为起点用鼠标画线，在拐弯处单击两下鼠标左键。

方法二：单击图 1-69 所示的 Mechanical4 层标签→在 PCB 放置工具栏中单击图标 →如图 1-70 所示任意放置四条直线段→双击其中任意一根→弹出 Track 对话框→按照图 1-71 所示进行修改→同理按照表 1-8 修改其他三条线的属性，改完后就完成了物理边框的绘制。

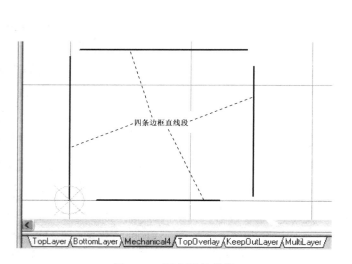

图 1-70　画出四条直线

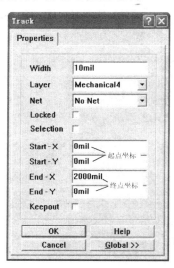

图 1-71　Track 对话框

表 1-8　线段的坐标

端点坐标		线段 1	线段 2	线段 3	线段 4
起点	Start-X	0mil	0mil	0mil	2000mil
	Start-Y	0mil	0mil	1420mil	0mil
终点	End-X	2000mil	0mil	2000mil	2000mil
	End-Y	0mil	1420mil	1420mil	1420mil

5．绘制电气边框（禁止布线层）

可以参照绘制物理边框的方法绘制大小一样的电气边框（二者可以重合），注意在绘制之前需要单击切换到图 1-69 所示的 KeepOutLayer（禁止布线层）标签。

【相关知识】PCB 工作层面的设置

Protel 99 SE 默认的 PCB 是双面板，分别是顶层（Top Layer）和底层（Bottom Layer）。对于一般的电路来说，双面板完全可以满足设计要求。

执行菜单命令"Design→Options"，屏幕会出现如图 1-68 所示的 Document Options 对话框。对话框中有两个标签，分别是 Layers 标签和 Options 标签。

> 📺 **核心提示**
>
> 以上两个标签也可用如下操作打开：单击鼠标右键，在弹出菜单中分别选择 Options 下的 Board Layers 和 Board Options 命令。

1. Layers 标签

（1）Signal layers（信号层）

对于双面板而言，要求必须有两层，即顶层和底层，这两个工作层必须设置为打开状态，其他层面均可处于关闭状态。

TopLayer（顶层）：也称元器件层。设计单面板时，该层是不能布线的，因而取消这一层的勾选。在设计双面板时，顶层是可以布线的，但是在布线时应考虑到在发热比较严重的元器件（如散热片）下面，不要走线，以免烫坏阻焊层而导致短路的问题。

Bottom Layer（底层）：也称焊接层。在单面板设计中，焊接层是唯一可以布线的工作层。

（2）Internal planes（内部电源/接地层）

内部电源/接地层主要用于放置电源线和地线，通常是一块完整的铜箔。单独设置内部电源/接地层的方法最大限度地减少了电源和地之间连线的长度，同时也对电路中高频信号的辐射起到了良好的屏蔽作用，因此在高速的电子线路设计中广泛使用。内部电源/接地层通常配套使用。双面板此选项不用。

（3）Mechanical layers（机械层）

机械层用于放置一些与印制电路板的机械特性有关的尺寸标注信息和定位孔。在 PCB 层数不多的情况下，通常只使用一个机械层。

（4）Solder Mask & Past Mask（阻焊层及防锡膏层）

Top Solder Mask 为顶层阻焊层，Bottom Solder Mask 为底层阻焊层；Top Past Mask 为顶层锡膏层，Bottom Past Mask 为底层锡膏层。

> 📺 **核心提示**
>
> 阻焊层一般由阻焊剂构成；防锡膏层主要用于产生表面安装所需的专用锡膏层，用以粘贴表面安装元件（SMD）。

（5）Silkscreen（丝印层）

丝印层分为 Top Overlayer（顶层丝印层）和 Bottom Overlayer（底层丝印层）。用于放置元器件标号及型号、说明文字等信息，主要是为了安装、焊接及维护时便于查找元器件而设置的。对于双面板而言，因只在顶层放置元器件，所以只选择顶层丝印层。

（6）Other（其他层）

禁止布线层（Keep Out Layer）：用于绘制印制电路板边框。用禁止布线层选定一个区域非常重要，自动布局和自动布线都需要预先设定好禁止布线层。确切地说，禁止布线区域也就是允许布线区。

Multi layer（多层）：主要设置焊盘和过孔这些在每一层都可见的组件。选中表示显示焊盘和过孔；若不选，则焊盘和过孔无法显示出来。

Drill Guide（钻孔定位层）、Drill Drawing（钻孔图层）：主要用于提供制造时的钻孔信息，如钻孔位置、说明等，主要和制板厂商有关。

（7）System（系统设置）

① DRC Errors：设置是否显示自动布线时检查错误信息。

② Connection：设置是否显示飞线，绝大多数情况下都要显示飞线。

③ Pad Holes：设置是否显示焊盘通孔。

④ Via Holes：设置是否显示过孔通孔。

⑤ Visible Grid1：设置是否显示第一组栅格。

⑥ Visible Grid2：设置是否显示第二组栅格。

（8）其他设置

在图 1-68 中的左下方，有 3 个按钮，其功能介绍如下。

① All On：表示将所有的板层都设置为打开显示，而不论上面有没有图件。建议不要将所有的层都打开。

② All Off：表示将所有的板层都设置为关闭状态，而不论有没有用。

③ Used On：表示将用到的板层打开，没有用到的板层关闭。

2．Options 标签

Options 标签如图 1-73 所示（参见 1.2.3 节内容），主要用于设置 PCB 工作区的可视栅格、电气栅格和计量单位。

（1）Grids（网格设置）

① Snap X、Snap Y：设定光标每次移动（X 方向、Y 方向）的最小间距。也可在编辑区中直接单击鼠标右键，选择 Snap Grid（网格间距）命令来具体设置。

② Component X、 Component Y：设定移动元器件时，每次在 X 方向、Y 方向的最小间距。

（2）Electrical Grid（电气栅格设置）

Range：电气栅格范围。

📺 **核心提示**

① 电气栅格是指在走线时，当光标接近焊盘或其他走线一定距离时，即被吸引而与之连接，同时在该处出现一个标志。

② 选中 Electrical Grid 复选框，在走线时，系统会以 Range（网格范围）中设置的数据为半径，向四周搜索电气节点。若搜索到节点，就会自动将光标移到该节点上，并且显示一个圆点标志。建议使用此功能。

（3）Visible Kind（可视栅格设置）

Protel 99 SE 提供了 Dots（点状）和 Lines（线状）两种栅格样式，如图 1-72 所示。

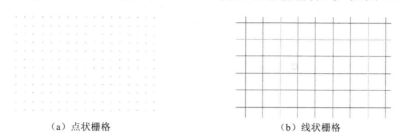

（a）点状栅格　　　　　　　　　　　　（b）线状栅格

图 1-72　两种栅格类型

（4）Measurement Unit（计量单位）

Protel 99 SE 提供了两种计量单位：Imperial（英制）和 Metric（公制）。英制单位为 mil；公制单位为 mm，1mil=0.0254mm。公制单位的设置为我们在确定印制电路板尺寸和元器件布局上提供了方便。

1.2.3　设置 PCB 工作环境

要求：将可视栅格设置为点状显示，计量单位采用英制；设置元件的旋转角度为 45°，撤销/重复命令可执行 40 次；显示连接焊盘的网络名称（Pad Nets）。

☞【操作方法】

1．设置点状显示可视栅格

执行菜单命令"Design→options…"→弹出 Document Options 对话框→选择 Options 标签，如图 1-73 所示→在 Visible Kind 处选择 Dots。

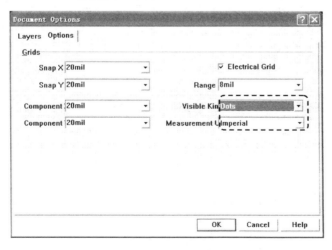

图 1-73　Document Options 对话框 Options 标签

2．设置英制计量单位

如图 1-73 所示，在 Measurement Unit 处选择 Imperial。

📺 **核心提示**

按下快捷键 Q，计量单位可在英制与公制之间切换。

3．设置元件的旋转角度

执行菜单命令"Tools→Preferences"→弹出 Preferences 对话框→在图 1-74 中选择 Options 标签→在 Rotation Step 处输入 45。

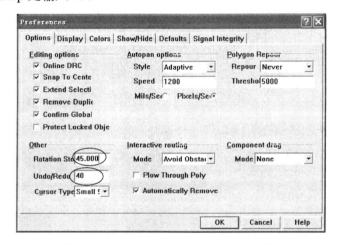

图 1-74　Preferences 对话框 Options 标签

4．设置撤销/重复命令

如图 1-74 所示，在 Undo/Redo 处输入 40。

5．设置显示连接焊盘的网络名称

如图 1-74 所示，打开 Display 标签的 Show 区域，在 **Pad Nets** 前打"√"即可。

1.2.4　加载元件封装库

要求： 加载 Advpcb.ddb 和 Samtec Connectors.ddb 库文件到 PCB 编辑器中。

☞**【操作方法】**

执行菜单命令"Design→Add/Remove Library"，或者单击主工具栏图标 🔰，或者在 PCB 管理器中选择 Browse Sch 标签，在 Browse 的下拉列表框中，选择 Libraries，然后单击 Add/Remove 按钮，弹出 PCB　Libraries 对话框。查找范围选择路径为 C:\Program Files\Design Explorer 99 SE\Library\PCB，在 Connectors 文件夹下添加 Samtec Connectors.ddb，在 Generic Footprints 文件夹下添加 Advpcb.ddb，单击 OK 按钮。

【知识链接】Protel 99 SE 元件封装库

Protel 99 SE 在 Library\Pcb 路径下有三个文件夹，提供了三类 PCB 元件，即 Connector（连接器元件封装库）、Generic Footprints（普通元件封装库）、IPC Footprints（IPC 元件封装库）。

1.2.5　叮咚门铃的 PCB 单面板设计

要求： 按照图 1-75 所示手工绘制叮咚门铃的单面板。其中信号线宽度为 10mil，电源、地线宽度为 25mil，均在底层布线。

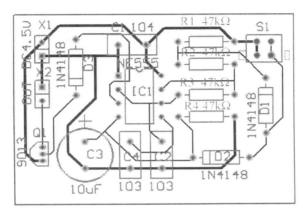

图 1-75　叮咚门铃 PCB 图

☞【操作方法】

1. 放置元件

方法一：执行菜单命令"Place→Component"→弹出如图 1-76 所示的"放置元件"对话框→在 Footprint 处输入元件封装名称（当然也可在相应处同时输入元件标号和元件标注）→单击 OK 按钮→单击需要放置元件的地方。

方法二：单击 PCB 放置工具栏的 按钮→弹出"放置元件"对话框→在 Footprint 处输入元件封装名称→单击 OK 按钮→单击需要放置元件的地方。

方法三：在英文状态下，按键盘上的 P-C 键→弹出"放置元件"对话框→在 Footprint 处输入元件封装名称→单击 OK 按钮→单击需要放置元件的地方。

方法四：在左侧 Components（元件区）找到元件封装名称，双击元件封装名称，或者单击元件封装名称再单击下面的 Place 按钮→单击需要放置元件的地方。

2. 元件属性设置

双击已放置好的元器件（或者在放置元器件之前按 Tab 键）→弹出如图 1-77 所示的"元件属性设置"对话框→按照表 1-9 的要求对元件属性进行设置→单击 OK 按钮。

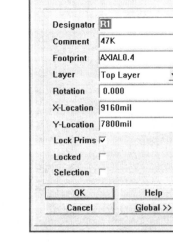

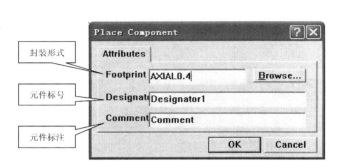

图 1-76　"放置元件"对话框	图 1-77　"元件属性设置"对话框

图 1-77 所示的"元件属性设置"对话框各个部分的功能如下。

① Designator：元件标号。

② Comment：元件型号或标称值。

③ Footprint：元件的封装形式。

④ Layer：元件所在工作层。

⑤ Rotation：元件的旋转角度。

⑥ X-Location：X 坐标。

⑦ Y-Location：Y 坐标。

⑧ Lock Prims：该项有效，则元件封装图形不能被分解开。

⑨ Locked：该项有效，则元件被锁定，在移动、删除等操作时，系统会弹出要求确认的对话框。

⑩ Selection：该项有效，则元件被选中。

表 1-9　叮咚门铃元件属性列表

Designator（元件标号）	Comment（元件标注）	Footprint（元件封装）	元件封装库
R1	47kΩ	AXIAL0.4	Advpcb.ddb
R2	47kΩ	AXIAL0.4	Advpcb.ddb
R3	47kΩ	AXIAL0.4	Advpcb.ddb
R4	47kΩ	AXIAL0.4	Advpcb.ddb
D1	1N4148	DIODE0.4	Advpcb.ddb
D2	1N4148	DIODE0.4	Advpcb.ddb
D3	1N4148	DIODE0.4	Advpcb.ddb
C1	104	RAD0.2	Advpcb.ddb

续表

Designator （元件标号）	Comment （元件标注）	Footprint （元件封装）	元件封装库
C2	103	RAD0.2	Advpcb.ddb
C4	103	RAD0.2	Advpcb.ddb
C3	10μF	RB.2/.4	Advpcb.ddb
X1	DC4.5V	SIP2	Advpcb.ddb
X2	OUT	SIP2	Advpcb.ddb
Q1	9013	TO-92B	Advpcb.ddb
S1		SSW4D（暂替代）	Samtec Connectors.ddb
IC1	NE555	DIP8	Advpcb.ddb

3．元件布局

按照图 1-78 所示布局元件。

4．手工布线

将印制电路板的当前工作层切换为底层（Bottom Layer），执行菜单命令"Place→Line"；或者单击 PCB 放置工具栏的 ≈ 按钮；或者在英文的输入状态下，按快捷键 P-T；在导线的起始端单击鼠标左键，然后按键盘上的 Tab 键，在弹出的如图 1-79 所示的 Line Constraints 对话框中修改导线宽度或者所在层，单击 OK 按钮。在导线的拐点处或者终点处双击鼠标左键，单击鼠标右键或者按键盘上的 Esc 键结束导线放置。

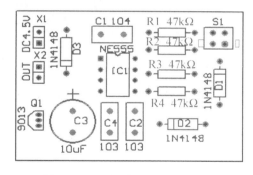

图 1-78   叮咚门铃 PCB 图元件布局

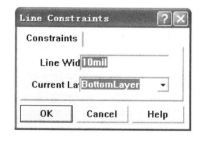

图 1-79   Line Constraints 对话框

核心提示

① PCB 有两种布线方法，即"Place→Line"（一般连线）和"Place→Interactive Routing"（交互式布线）。前者可用于在不带网络的 PCB 图上画导线，后者用于在带着网络的 PCB 图上画导线。带网络的 PCB 必须使用后者。

② 在绘制导线的过程中，可以用键盘上的 Shift+Space 组合键来切换导线的拐角模式。

以连接 IC1（NE555）的电源线（8 引脚）为例，说明用"Place→Line"手工连线的过程，如图 1-80 所示。

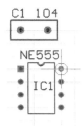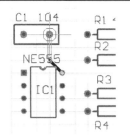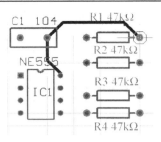

（a）光标移到IC1-8焊盘上　　　（b）将拐角模式切换为45°布线　　　（c）完成与C1-2和R1-2焊盘的连线

图 1-80　手工布线过程

【实用技巧】编辑已放置好的导线

（1）用鼠标左键单击已经放置的导线，导线状态如图 1-81（a）所示，有一条高亮线并带有三个高亮方块。

（2）把鼠标放到导线两端任一高亮方块处，按 Enter 键，光标变成十字形，移动光标可任意拖动导线的端点，导线的方向和长度可以被改变，如图 1-81（b）所示。

（3）把鼠标放到导线中间的高亮方块处，按 Enter 键，光标变成十字形，移动光标可任意拖动导线，此时直导线变成了折线，如图 1-81（c）所示。

（4）直线变成了折线后，将光标移到折线的任一段上，按住鼠标左键不放并移动它，该线段被移开，原来的一条导线变成了两条导线，如图 1-81（d）所示。

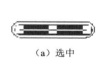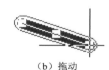

（a）选中　　　　　（b）拖动　　　　　（c）弯折　　　　　（d）折断

图 1-81　导线的编辑操作

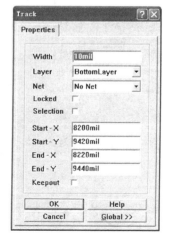

图 1-82　Track 对话框

（5）用鼠标左键双击已经放置好的导线，弹出 Track 对话框如图 1-82 所示，各个部分的功能如下。

① Width：导线宽度。

② Layer：导线所在的层。

③ Net：导线所在的网络。

④ Locked：导线位置是否锁定。

⑤ Selection：导线是否处于选择状态。

⑥ Keep out：该项如被选择，则此导线具有电气边界特性。

【知识链接】PCB 布局与布线原则

（1）元件的布局原则

各元件排列、分布要合理和均匀，力求整齐、美观、结构严谨。

① 输入、输出分离；

② 强电、弱电分离；

③ 高频、低频分离；

④ 大功率、小功率分离；

⑤ 高温、低温分离等。

（2）布线原则

① 电源线与地线应尽可能的宽；

② 要有合理的走向：如输入/输出、交流/直流、强/弱信号、高频/低频、高压/低压不能相互交杂；

③ 数字地与模拟地要分离，用地线把数字区与模拟区隔离，最后接于电源地；

④ 大功率器件的地线要单独接地；

⑤ 尽量减少回路环的面积，以降低感应噪声。

1.2.6　PCB 图的导出及打印

要求： 保存叮咚门铃印制电路板图，并将印制电路板图导出到 D 盘的"项目一"文件夹中，取名为"叮咚门铃 PCB 完成图"；将导出的"叮咚门铃 PCB 完成图"重新导入设计中，并打开；用 A4 纸横向打印叮咚门铃 PCB 图。

☞【操作方法】

1. 导出印制电路板图文件

方法一：保存文件→单击 File 菜单→选择 Export→弹出"导出文件"对话框→打开 D 盘"项目一"文件夹→文件名处输入"叮咚门铃 PCB 完成图.PCB"→单击"保存"按钮。

方法二：保存文件→单击设计窗口 Documents→右击要导出的"叮咚门铃 PCB 图"文件→选择 Export→弹出"导出文件"对话框→打开 D 盘"项目一"文件夹→文件名处输入"叮咚门铃 PCB 完成图.PCB"→单击"保存"按钮。

2. 导入印制电路板图文件

单击 File 菜单→选择 Import→弹出"导入文件"对话框→打开 D 盘"项目一"文件夹→选择 "叮咚门铃 PCB 完成图.PCB"文件→单击"打开"按钮。

3. 打印机设置

执行菜单命令"File→Printer/Preview…"→系统生成如图 1-83 所示的" Preview 叮咚门铃.PPC"文件→执行菜单命令"File→Setup Printer"→系统弹出如图 1-84 所示的"PCB 打印选项"对话框→单击 Properties 按钮→系统弹出如图 1-85 所示的"打印属性"对话框→设置 A4 纸和横向打印→单击"确定"按钮→单击 OK 按钮。

4. 打印输出

执行菜单命令"File→Print All"，打印所有 PCB 图。有以下四种打印方式。

（1）Print All：打印所有图形。

（2）Print Job：打印操作对象。

（3）Print Page：打印给定的页面，执行该命令后，会弹出"页码输入"对话框，在该对话框输入要打印的页码。

（4）Print Current：打印当前页。

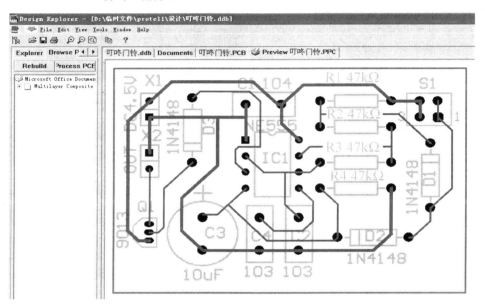

图 1-83　生成的"Preview 叮咚门铃.PPC"文件

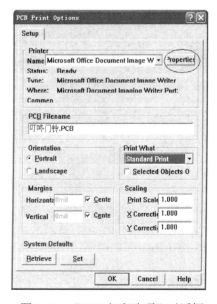

图 1-84　"PCB 打印选项"对话框

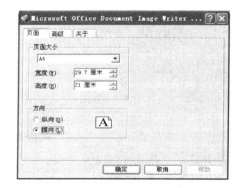

图 1-85　"打印属性"对话框

任务 1.3　热转印法制作叮咚门铃单面板

热转印制板的优点是快速方便、成功率高，缺点是对激光打印机要求高（需原装墨盒）、损害大（硒鼓容易坏）、有污染等。

所需主要材料是敷铜板、热转印纸、三氯化铁（或工业盐酸和双氧水）和松香水（松香+无水酒精）；主要设备工具有热转印机（或电熨斗）、激光打印机、裁板机、锉刀、剪刀、镊子、细砂纸、记号笔等；此外还要注意安全，要准备好橡胶手套和围裙，防止腐蚀身体和周围环境。

热转印法的具体操作流程是：打印→热转印→修补→腐蚀→钻孔→擦拭、清洗→涂松香水。

要求： 用热转印法制作叮咚门铃单面板。

☞【操作方法】

1. PCB 图的打印输出

执行菜单命令"File→Setup Printer..."，出现"打印机输出选择"窗口，选中输出打印机型号，单击 Options...（选项）按钮，选中 Show hole 复选框（显示钻孔），这在钻孔时将方便很多。

单击 🖨 按钮进入打印界面，单击 ₊⊒ Multilayer Composite Print 设置中的加号，出现如图 1-86 所示的"设置工作层"窗口。因为是制作单面板，所以应将 ▬ TopOverlay 顶层字符删除。方法是单击选中 ▬ TopOverlay，然后单击鼠标右键选择 Delete，即可删除顶层字符，如图 1-87 所示。

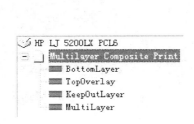

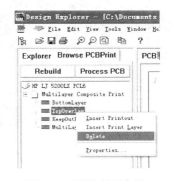

图 1-86　"设置工作层"窗口　　　　　图 1-87　删除顶层字符

在激光打印机中放上一张热转印纸，注意光面朝上，要让墨粉印到光面。单击 Printer 按钮，即可打印出一张"叮咚门铃 PCB"图，如图 1-88 所示。

2. 热转印

热转印前必须对敷铜板进行表面处理。由于加工、存储等原因，在敷铜板的表面会形成一层氧化层或污物，可以用涂抹牙膏或肥皂、酒精的细砂纸轻轻擦拭，再用水冲洗干净，直到将板面擦亮晾干为止。

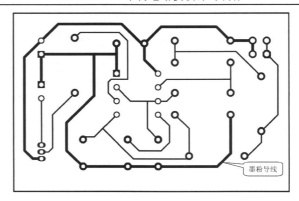

图 1-88　打印结果

打开热转印机电源开关，并适当地调节温度与转速。热转印机操作面板上的按钮功能如下：
【电源】——启动键；【加热】——控制键；【转速】——设定键；【温度】——设定键；【▲】
【▼】——换向键 。

当温度升高到 180℃左右时，将打印好的热转印纸反贴于敷铜板上，送入热转印机，使融化的墨粉完全吸附在敷铜板上，如图 1-89 所示。

热转印完毕后，小心揭开转印纸（在冷却至刚好不烫手时揭效果最好）。再用记号笔将没有转印好的地方补描一下，就可以开始进行腐蚀了。热转印后效果如图 1-90 所示。

图 1-89　热转印

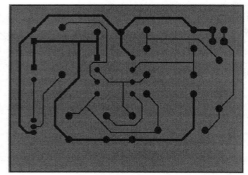

图 1-90　热转印后的敷铜板

3．腐蚀与清洗

将三氯化铁和水以 1∶2 左右的比例配置腐蚀溶液。将热转印完毕后的敷铜板放入配置好的腐蚀液中，一般在 10 分钟左右，溶液浓度低时可能需要 30 分钟，甚至 1 个小时。取出已腐蚀完成的印制电路板，先用水清洗，然后用汽油进行清洗。

4．钻孔

使用微型台钻对准印制电路板中的焊盘进行钻孔，钻孔的过程中要根据需要调整针的粗细。

5．后期处理

最后一道工序是将印制电路板上的墨粉用砂纸擦除掉，然后涂上松香水（松香粉末溶于无水酒精），使板子有利于焊接，防止氧化，更加美观。最后的印制电路板成品如图 1-91 所示。

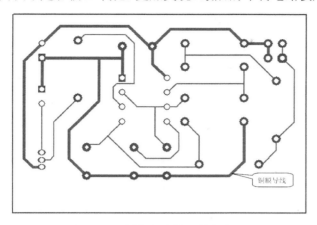

图 1-91　制作完成的印制电路板

 项目小结

　　本项目主要介绍了叮咚门铃的设计和制作过程，以便让读者对原理图和 PCB 图的绘制有个初步的认识，以及对热转印制作印制电路板有所了解。本项目主要介绍了如何新建、保存、导出、导入及打印文件，设置原理图设计环境，加载元器件库，绘制原理图，生成各种报表，规划板框，设置 PCB 工作环境，加载元件封装库，手工绘制 PCB 单面板，热转印法制作单面板等。这些内容都是原理图绘制与印制电路板设计制作的基本内容，应当熟练掌握。

训练题目

　　1. 按要求完成两级放大电路的 PCB 设计。

　　（1）在 D 盘以自己名字命名的文件夹下，新建"项目一练习.ddb"设计数据库，在设计数据库下新建原理图文件，命名为"两级放大电路.sch"。

　　（2）图纸大小为 A4 水平放置，可视栅格大小为 10mil，光标一次移动一个栅格，标题栏类型为 ANSI 型。

　　（3）按照图 1-92 所示的电路绘制原理图。

　　（4）生成正确的 ERC 电气规则设计校验报告，系统自动命名为"两级放大电路.erc"。

　　（5）生成 Protel 格式的网络表，系统自动命名为"两级放大电路.net"。

　　（6）在设计数据库下新建 PCB 文件，命名为"两级放大电路.pcb"。

　　（7）设置原点，并以当前原点为起点，绘制 PCB 文件的物理边框和电气边框，边框宽3000mil，高 2000 mil。

　　（8）手工绘制 PCB 图。

　　（9）导出所有文件到 D 盘以自己名字命名的文件夹下。

　　（10）用热转印法制作两级放大电路印制电路板。

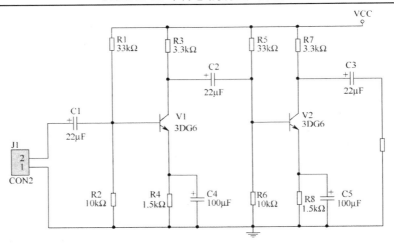

图 1-92 两级放大电路

2．按要求完成跑马灯电路的设计工作。

（1）在 D 盘以自己名字命名的文件夹下，新建"项目一练习.ddb"设计数据库，在设计数据库下新建原理图文件，命名为"跑马灯电路.sch"。

（2）图纸大小为 A4，水平放置，可视栅格大小为 10mil，光标一次移动一个栅格，标题栏类型为标准型。

（3）按照图 1-93 所示的电路绘制原理图。

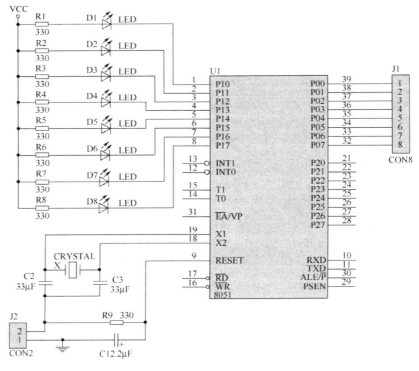

图 1-93 跑马灯电路

（4）生成正确的 ERC 电气规则设计校验报告，系统自动命名为"跑马灯电路.erc"。

（5）生成 Protel 格式的网络表，系统自动命名为"跑马灯电路.net"。

（6）在设计数据库下新建 PCB 文件，命名为"跑马灯电路.pcb"。

（7）设置原点，并以当前原点为起点，绘制 PCB 文件的物理边框和电气边框，边框宽 3000mil，高 2500 mil。

（8）手工绘制 PCB 图。

（9）导出所有文件到 D 盘以自己名字命名的文件夹下。

（10）用热转印法制作跑马灯电路印制电路板。

3．按要求完成直流稳压电源电路的设计工作。

（1）在 D 盘以自己名字命名的文件夹下，新建"项目一练习.ddb"设计数据库，在设计数据库下新建原理图文件，命名为"直流稳压电源电路.sch"。

（2）图纸大小为 B5，水平放置，可视栅格大小为 10mil，光标一次移动一个栅格，标题栏类型为 ANSI 型。

（3）按照图 1-94 所示的电路绘制原理图。

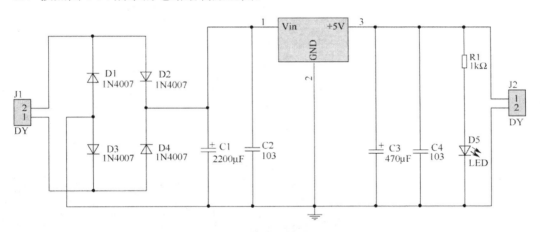

图 1-94　直流稳压电源电路

（4）生成正确的 ERC 电气规则设计校验报告，系统自动命名为"直流稳压电源电路.erc"。

（5）生成 Protel 格式的网络表，系统自动命名为"直流稳压电源电路.net"。

（6）在设计数据库下新建 PCB 文件，命名为"直流稳压电源电路.pcb"。

（7）设置原点，并以当前原点为起点，绘制 PCB 文件的物理边框和电气边框，边框宽 2000mil，高 1000 mil。

（8）手工绘制 PCB 图。

（9）导出所有文件到 D 盘以自己名字命名的文件夹下。

（10）用热转印法制作直流稳压电源电路印制电路板。

4．按要求完成多谐振荡电路的设计工作。

（1）在 D 盘以自己名字命名的文件夹下，新建"项目一练习.ddb"设计数据库，在设计数据库下新建原理图文件，命名为"多谐振荡电路.sch"。

（2）图纸大小为 A4，水平放置，可视栅格大小为 10mil，光标一次移动一个栅格，标题栏类型为标准型。

（3）按照图 1-95 所示的电路绘制原理图。

（4）生成正确的 ERC 电气规则设计校验报告，系统自动命名为"多谐振荡电路.erc"。

（5）生成 Protel 2 格式的网络表，系统自动命名为"多谐振荡电路.net"。

（6）在设计数据库下新建 PCB 文件，命名为"多谐振荡电路.pcb"。

（7）设置原点，并以当前原点为起点，绘制 PCB 文件的物理边框和电气边框，边框宽 1000mil，高 1000 mil。

（8）手工绘制 PCB 图。

（9）导出所有文件到 D 盘以自己名字命名的文件夹下。

（10）用热转印法制作多谐振荡电路印制电路板。

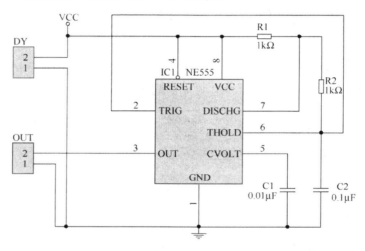

图 1-95　多谐振荡电路

训练题目成绩评定表

训练题目		训练成绩			
		训练表现	训练过程	训练结果	评定等级
	1				
	2				
	3				
	4				
班级		学号		姓名	教师签名

※评定等级分为优秀、良好、及格和不及格。

项目2 单声道功放的设计与制作

 项目剖析

各种音响电路的声音效果如此悦耳动听，其中起主要作用的是功率放大电路。本项目介绍的是以 LM386 为核心器件制成的单声道功率放大器。LM386 是一种音频集成功放，具有自身功耗低、电压增益可调整、电源电压范围大（4～16V）等优点，广泛应用于收录机和音响电路中。图 2-1 所示为实际制作出来的 LM386 单声道集成功率放大器实物图。

图 2-1　LM386 单声道集成功率放大器实物图

本项目的核心内容是创建新的原理图元件和自制 PCB 元件封装。本项目主要学习单面板的自动布线设计方法，为今后学习其他项目打下基础。如果有条件可以制作出实物进行焊接调试，以增进学习的信心。

教学要求

学习目标	任务分解	教学建议
（1）学会创建新的元件符号	① 新建原理图元件库 ② 自制元件符号	① 学习资讯 通过查阅技术资料或网上查询，并根据相关资料自制元件符号及封装
（2）学会自制 PCB 元件封装	① 新建 PCB 元件封装库 ② 手工自制元件封装 ③ 利用向导制作元件封装	② 学习方法 教学做一体化，以学生为主体
（3）学会带有自制元件的原理图和 PCB 的绘制方法	① 利用向导规划板框 ② 加载自制的元件库和封装库 ③ 单层 PCB 图的自动布线设计	③ 考核方式 按任务目标着重考核相关知识点 ④ 建议学时 10～12 学时
（4）用雕刻机制板	雕刻机制板流程	

具体要求如下（包括各知识点分数比例）：

1．学会启动原理图元件库编辑器及创建新的原理图元件。（10分）
2．掌握在绘制原理图时调用新元件及修改原理图元件的方法。（20分）
3．熟悉原理图的各种报表文件。（10分）
4．掌握自制PCB元件封装的方法。（20分）
5．掌握PCB的自动布局、布线及手工调整的设计方法。（30分）
6．了解PCB高级参数设置。（10分）

【新手演练】简单电路的 PCB 自动布线设计

项目1的主要学习内容是纯手工布线的方法。下面以直流稳压电源电路为例介绍如何绘制一个简单电路原理图及其 PCB 制作，主要目的是掌握电路设计的基本过程，从而达到自动布线快速入门的技能目标。需要设计的电路原理图如图2-2所示，整理电路中所有元器件如表2-1所示。

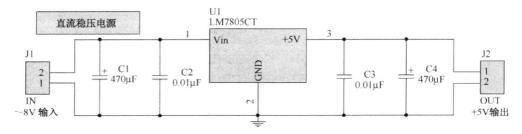

图 2-2　直流稳压电源电路图

表 2-1　原理图元件列表

元件库中定义的元件名称（Lib Ref）	元件所在库（Library）	元件序号（Designator）	元件型号（值）（Part Type）	元件封装（Footprint）	备注
ELECTRO1	Miscellaneous Devices.ddb	C1	470μF	RB.2/.4	
CAP	Miscellaneous Devices.ddb	C2	0.01μF	RAD0.1	
CAP	Miscellaneous Devices.ddb	C3	0.01μF	RAD0.1	元件封装是指元件的实际形状和焊盘尺寸。上述元件封装都在PCB的Advpcb.ddb库中
ELECTRO1	Miscellaneous Devices.ddb	C4	470μF	RB.2/.4	
CON2	Miscellaneous Devices.ddb	J1	IN	SIP2	
CON2	Miscellaneous Devices.ddb	J2	OUT	SIP2	
MC7805T	Protel DOS Schematic Libraries.ddb	U1	LM7805CT	TO-220	

一般来说，印制电路板设计最基本的完整过程大体可分为如图2-3所示的三个步骤。

图 2-3　印制电路板设计的基本流程

（1）原理图的设计

原理图的设计主要是利用 Protel 99 SE 的原理图编辑器（Advanced Schematic）绘制一张电路原理图。设计者应充分利用 Protel 99 SE 所提供的强大而完善的原理图绘图工具、各种编辑功能，以及便利的电气规则检查功能，最终绘制一张正确、精美的电路原理图，以便为接下来的工作做好准备。

（2）产生网络表

网络表是电路原理图设计与印制电路板设计之间的桥梁和纽带，它是印制电路板设计中自动布线的基础和灵魂。网络表可以从电路原理图中获得，也可以从印制电路板中提取。

（3）印制电路板的设计

印制电路板的设计主要是针对 Protel 99 SE 的另外一个强大的编辑器（印制电路板编辑器）而言的，印制电路板设计是电路设计的最终目标。可利用 Protel 99 SE 的强大功能实现印制电路板的版面设计，完成高难度的布线及输出报表等工作。

1．原理图的设计

（1）创建一个新设计任务数据库（.ddb）。先在 F 盘新建一个文件夹，命名为"protel"。然后启动 Protel 99 SE，执行菜单命令"File→New Degisn"，会出现 "New Degisn Database"对话框，在"Database File Name"处输入"Protel 快速入门.ddb"，再单击"Browse"按钮，将设计数据库存储路径改为 F:\protel，如图 2-4 所示。单击 OK 按钮，这样今后所设计的所有文件都会保存在 F 盘下的"protel"文件夹中了。

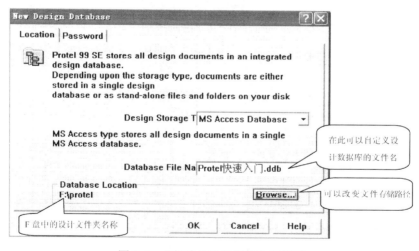

图 2-4　"新建设计数据库"对话框

（2）新建原理图文件（.sch）。执行菜单命令"File→New"，在出现的"新建文件"选项卡中选择原理图文件（Schematic Document）图标，将图标名称重新命名为"稳压电源.sch"，单击 OK 按钮。执行菜单命令"Design→Options"，打开"图纸属性"对话框 Sheep Options 标签，设置原理图环境参数。其中，电路图纸大小设置为 A4、横向放置、栅格大小均选为 10mil。

（3）装入元器件库。在"设计管理器"窗口中单击"Browse Sch"项，在其下拉菜单中选择"Libraries（库）"，再单击 Add/Remove 按钮，会出现设置当前库的对话框。根据表 2-1 装载

Miscellaneous Devices．ddb 和 Protel DOS Schematic Libraries.ddb 这两个 SCH 库，本电路的所用的元件都在这两个库中。

（4）放置元件并对其进行属性设置。放置元件主要有以下两种方法。

① 利用元件浏览器放置所需元件。在元件浏览器下面的列表框中，拖动右边的滑块，即可选择所要找的元件。例如，在 Miscellaneous Devices．ddb 库中移动到"CAP"处单击，即可选定电容 C2。双击它或单击 Place 按钮，元件将随光标移动到图纸适当的位置，单击可将该元件放置到图纸上。此时，再双击该元件，即可打开"元件属性设置"对话框，根据表 2-1 的要求设置对话框内各栏的内容，如图 2-5 所示。

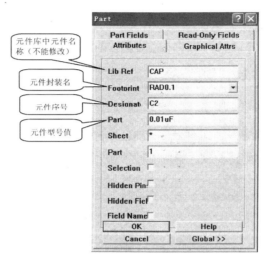

图 2-5　"元件属性"对话框

② 利用菜单命令放置元件。执行菜单命令"Place→Part"，也会出现图 2-5 所示的"元件属性"对话框，同样设置元件的属性，单击 OK 按钮。然后拖动光标，将元件移动到图纸适当位置。

📺 **核心提示**

"元件属性"对话框中的 Footprint 栏不能空，一定要正确填入对应元件的封装，否则装载网络表时会出现相关错误，不能自动生成该元件。

从元件库中放置所有的元件到图纸中，根据图 2-2 所示的要求，对元件做移动、旋转等操作，同时一一进行属性设置，最后放置完毕的元件布局如图 2-6 所示。

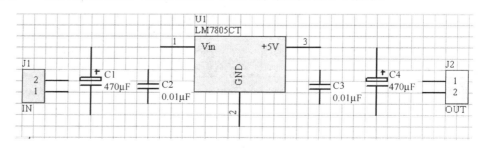

图 2-6　元件放置图

（5）电路连线。单击连线工具栏（Wiring Tools）中的 ≈ 图标或执行菜单命令"Place→Wire"，光标变成"十"字形状。移动"十"字光标到所需连线的元件引脚上，单击以确定连线的起点；移动光标到另一引脚上，单击确定连线的终点；再右击即完成一条导线的绘制。单击画图工具栏（Drawing Tools）中的 T 图标，进行一些必要的文字说明。

（6）放置电源/地元件。电路连线完成后，最后就是放置电源/地的操作。VCC 电源元件与 GND 接地元件有别于一般电气元件，它们必须通过菜单命令"Place→Power Port"或电路图连线工具栏中的 ⊻ 图标来调用。双击电源元件，在出现的"Power Port"（电源属性）选项卡中的 Style 下拉列表框中有 7 种类型可供选择，分别是：Bar（直线形电源）、Circle（圆形电源）、Arrow（箭头形电源）、Wave（波形电源）、Power Ground（电源地）、Signal Ground（信号地）、Earth（接大地）。由于本例电路没有电源 VCC，只有地 GND，所以选择 Power Ground（电源地），同时要在"Power Port"选项卡的 Net 栏中填写"GND"。

（7）电气规则检查。执行菜单命令"Tool→ERC"，屏幕出现"设置"对话框。设置对话框中的各项，注意将"Current sheet only"复选框置于未选中的状态。设置完毕，单击 OK 按钮，程序即对该项目进行电气规则检测，完成后生成文件电气规则检查报告"稳压电路.ERC"，报告中应显示电路无错误。

2．生成网络表

执行菜单命令"Design→Create Netlist"，屏幕出现"设置"对话框。将"Output Format"下拉列表框选为"Protel"。将"Net Identifier Scope"栏选为"Sheet Symbol/Port Connections"。除"Append Sheet Numbers To Local Net Name"复选框选中外，其他复选框都呈非选中状态，设置完毕后，单击 OK 按钮，程序立即进行生成网络表的操作，完成后打开"Text Edit"文本编辑器，即可生成文件名为"稳压电源.NET"的网络表，如图 2-7 所示。

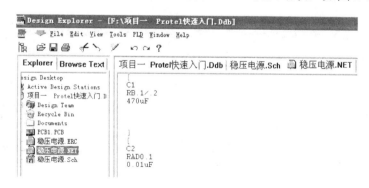

图 2-7　生成的稳压电源电路网络表

3．印制电路板的设计

（1）新建印制电路板文件（.PCB）。执行菜单命令"File→New"，在出现的"新建文件"选项卡中选择 PCB 文件（PCB Document）图标，将图标名称重新命名为"稳压电源.PCB"。

（2）加载封装库。进入 PCB 设计环境，在元器件浏览器中单击 Add/Remove 按钮，装入 PCB 标准元器件封装库 Advpcb.ddb。

（3）设置印制电路板的参数。执行菜单命令"Design→Options"，将 Visble2 设置成 100mil，设置边框的左下角为当前坐标原点。网格设成线状，其他默认即可。

（4）规划印制电路板的边框。单击 PCB 界面下面的 Keep Out Layer 标签，将当前的工作层设置为 Keep Out Layer（禁止布线层）。执行菜单命令"Place→Keepout/ Track"，或单击 Placement Tools（放置）工具栏中的 ≳ 图标，用画导线同样的方法画一个闭合的矩形方框。这里我们根据实际元件的尺寸初步规划一个大小为 1600mil×1000mil 的印制电路板电气边框，同理在 Mechanical4 层绘制大小一样的电路板物理边框，如图 2-8 所示。

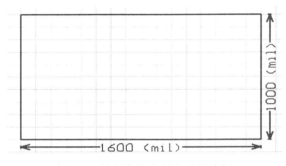

图 2-8　绘制完的印制电路板边框

（5）执行菜单命令"Edit→Origin/set"或单击工具栏中的 ⊠ 图标，设置边框左下角为当前坐标原点。

（6）装载网络表。执行菜单命令"Design→Load Nets…"，在出现的对话框中单击 Browse 按钮，选择要载入的网络表文件"稳压电源.NET"，单击 OK 按钮。如果载入的网络表有错误，需要根据错误提示对原理图进行修正，然后重建网络表，并再次载入网络表，直到网络表无误为止，如图 2-9 所示。

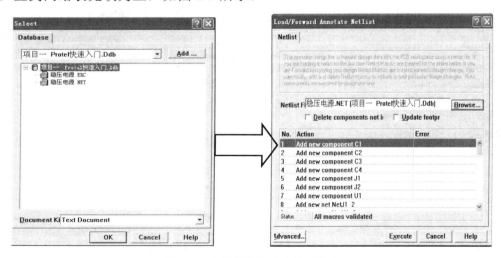

图 2-9　选择并载入正确的网络表

单击 Execute（执行）按钮将元件和网络表调入到 PCB。此时载入网络表和元器件后的 PCB 界面如图 2-10 所示，我们发现这些元器件几乎完全是重叠在一起的，根本无法区分开来，需要布局将元件进行重新排列。

（7）元器件的布局。元件布局可自动布局也可手动布局。一般先自动布局，然后手工调整。

① 自动布局。执行菜单命令"Tools→Auto Placement/Auto Placer"，在"自动布局设置"对话框中选择 Cluster Placer 方式，并且选中 Quick Component Placement（快速布局）选项，单击 OK 按钮，完成元件的自动布局，如图 2-11 所示。从自动布局的图中可以发现已经产生了飞线（预拉线），但元器件及其序号仍然排列密集无序，显然这种自动布局的效果不够理想，还需要手工的进一步调整使布局更加合理。

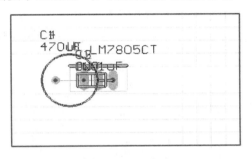

图 2-10　载入网络表和元器件后的 PCB 界面

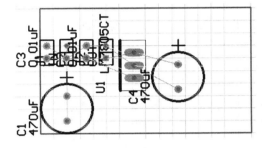

图 2-11　自动布局界面图

② 手工调整布局。在调整布局之前应仔细研究整个电路所有元器件的最佳布局方案，尽量减少飞线的交叉、绕远现象；同时调整所有元器件序号及其型号的大小、方向和位置，并可以根据布局调整情况适当调节 PCB 边框的大小。手工布局后的 PCB 如图 2-12 所示。

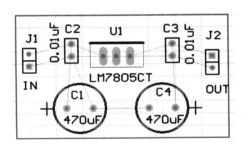

图 2-12　手工调整布局结果

核心提示

① PCB 的自动布局主要是以飞线距离最短为原则的布线方案，并考虑不到实际的元器件装配工艺的合理性。

② 手工布局是 PCB 设计中最关键的工作，布局是否合理将影响印制电路板的许多方面，比如 PCB 的装配合理性、电磁干扰、系统稳定性及 PCB 的布通率等。

③ 手工调整布局需要有一定的实际设计工作经验，所以要多加练习提高。

（8）PCB 自动布线。

① 设置自动布线规则。由于本项目电路不大，元器件不多，可选用单面板进行设计。执行菜单命令"Design→Rules"，在 Routing 标签的 Routing Layers 选项下，设置布线层为"底

层"（Bottom Layer），走线方式为"任意"（Any），其他层为"不使用"（Not Used）；在 Width Constraint 选项的线宽设置中，信号线的宽度设置为 13mil，地线（GND）宽度设置为 40mil；布线拐角模式为 45°。

② 自动布线操作。在 Auto Route 菜单下，自动布线的方法有 5 种，分别为 All（全局布线）、Net（选定网络布线）、Connection（对两连接点进行布线）、Component（指定元器件布线）、Area（指定区域布线），一般采用全局布线。

执行菜单命令"Auto Route→All"，在出现的"自动布线设置"对话框中单击左下角的 Route All 按钮，程序就开始对整个电路进行自动全局布线。布线结束后，会出现如图 2-13 所示的提示框，告诉我们布通率为 100%，布线 12 条，剩余未布导线数为 0 等信息。单击 OK 按钮，完成自动布线的结果如图 2-14 所示，可以看到 PCB 为底层单面布线，地线明显加粗。

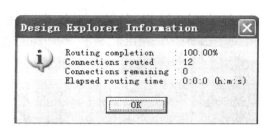

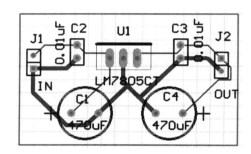

图 2-13　"自动布线完成"提示框　　　　　图 2-14　完成自动布线的 PCB 图

（9）执行菜单命令"Tools→Design Rule Check"，进行 PCB 设计规则 DRC 检查，若有错误，返回重改。

至此，我们基本上对电路的 PCB 自动布线设计过程有了一个整体的认识。

任务 2.1　单声道功放原理图的设计

【任务剖析】

电子技术发展日新月异，不断产生新的元器件（或者由于不同国家的元件符号标准问题），尽管 Protel 99 SE 中原理图元件库中的元件很多，但有时用户还是无法从这些元件库中找到自己想要的元件，例如，本项目的核心器件 LM386 就无法在 Protel 99 SE 原理图元件库中找到。在这种情况下，就需要自行建立新的元件符号及其元件库。Protel 99 SE 提供了创建原理图元件及元件库的功能。

【任务要求】

本任务要做的工作主要是如何创建一个新的电路元件及电路原理图的绘制，所绘制的电路原理图如图 2-15 所示。

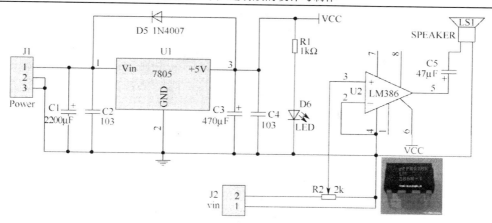

图 2-15 单声道功率放大器原理图

2.1.1 认识原理图元件符号编辑器

如果在 Protel 99 SE 提供的元件库里找不到某元件时，就需要使用元件库编辑器自己来创建一个新的元件。各种元件存储在相应的原理图元件库中，我们要创建新的原理图元件，首先要新建数据库。

启动 Protel 软件，执行菜单命令 "File→New"，会弹出 Protel 99 SE 新建设计数据库的 "设置"选项卡，将设计数据库的文件名定义为 "项目 2 单声道功率放大器.ddb"，将设计数据库存储路径改为 F:\protel。

1. 启动原理图元件库编辑器

在 Protel 99 SE 设计管理器环境下，执行菜单命令 "File→New"，系统将显示 New Document 对话框，然后从对话框中选择 "原理图元件库"编辑器（Schematic Library Document）图标，如图 2-16 所示。

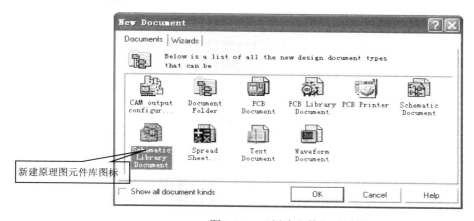

图 2-16 "新建文件"对话框

选择 "原理图元件库"编辑器图标后，单击 OK 按钮（或双击该图标），出现图 2-17 所示的界面。

图 2-17 新建原理图元件库

将原理图元件库编辑器名称更改为 Mysch.Lib， 如图 2-18 所示。

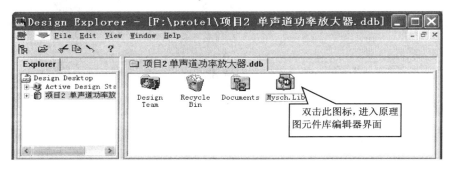

图 2-18 改名后的原理图元件库编辑器文件

📺 **核心提示**

原理图元器件库编辑器的启动方法应视具体情况而定，除了上述新建原理图元件库文件的方法之外，还有以下两种。

（1）在一个原理图元器件库中新增元器件

开启所要新增元器件的元器件库，原理图元器件库就会由原理图元器件库编辑器自动打开。

（2）编辑一个原有元器件

在电路原理图浏览器（标签为 Browse Sch）中，指定所要编辑的元器件，再单击 Edit 按钮，也可启动原理图元器件库编辑器。

---

2. 认识元件库编辑器界面

双击设计管理器中的电路原理图元件库 Mysch.Lib 图标，就可以进入"原理图元件库编辑工作"界面，如图 2-19 所示。

"元件库编辑器"界面与"原理图编辑"界面很相似，在图 2-19 所示的元件库编辑器界面中，有主工具栏，元件管理器 Browse SchLib，绘图工具栏，放置 IEEE 符号工具栏和元件编辑区等。元件编辑区中央有一个大十字坐标轴，十字坐标轴将元件编辑区划分为四个象限，一般都是在第四个象限进行元件的编辑工作。

下面将分别对绘图工具栏、放置IEEE符号工具栏和元件管理器Browse SchLib进行介绍。

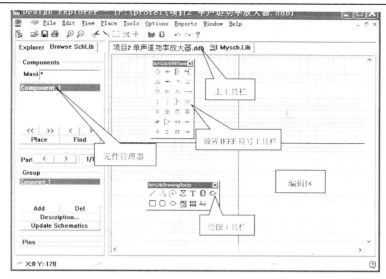

图 2-19　"元件库编辑工作"界面

3．常用工具栏介绍

在 SchLib 元件库编辑系统中常用的有绘图工具栏和放置 IEEE 符号工具栏，下面先介绍一下工具栏的启动与关闭。工具栏的启动与关闭，有以下两种方法。

方法一：单击主工具栏中的"绘图工具"图标或"放置 IEEE 工具"图标，如图 2-20 所示。

方法二：执行菜单命令"View→Toolbars/Drawing Toolbar"或"Toolbars→IEEE Toolbar"即可实现工具栏的启动与关闭。"绘图工具"图标或"放置 IEEE 符号"图标是开关按钮，按一下启动，再按一下关闭。

图 2-20　绘图工具栏与放置 IEEE 符号切换图标

（1）绘图工具栏

图 2-21 所示为在 SchLib 元件库编辑系统中的绘图工具栏。在 SchLib 元件库编辑系统中的绘图工具栏和前面介绍的原理图设计系统中的绘图工具基本一致，只有三个工具按钮是原理图中没有的，如表 2-2 所示。

表 2-2　绘图工具栏按钮与菜单命令对应关系及其功能

图标	菜单命令	功能说明
▯	Tools→New Component	添加新元件工具
⊏⊐	Tools→New Part	添加复合元件工具
ª₵	Place→Pins	放置元件引脚工具

（2）放置 IEEE 符号工具栏

放置 IEEE 符号工具栏如图 2-22 所示。

图 2-21　绘图工具栏　　　　　图 2-22　放置 IEEE 符号工具栏

2.1.2　创建新的元件符号

要求： 利用前面的制作元器件的工具，采用借用（共享）99SCH 库中现成元器件的方法来创建一个新元件，要制作的实例是如图 2-23 所示的 LM386 集成运算放大器，制作完毕后将它保存在"Mysch.Lib"元件库中。图 2-24 所示为 LM386 外形与引脚排列图，制作的 LM386 引脚属性如表 2-3 所示。

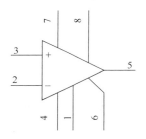

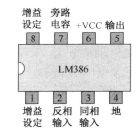

图 2-23　集成运放 LM386 实例　　　　图 2-24　LM386 外形与引脚排列

表 2-3　LM386 引脚属性

引脚号码	引脚名称	引脚电气特性	引脚种类	引脚显示状态
1	1	Input	20mil	显示
2	IN-	Input	20mil	显示
3	IN+	Input	20mil	显示
4	GND	Power	20mil	显示
5	OUT	Output	20mil	显示
6	VCC	Power	20mil	显示
7	7	Input	20mil	显示
8	8	Input	20mil	显示

☞【操作步骤】

1. 新建一个元件

（1）开启原理图元器件库编辑器

打开项目 2 单声道功率放大器.ddb\Mysch.Lib，进入"元器件库编辑器"窗口，如图 2-19 所示。

（2）创建新原理图元件

执行菜单命令"Tools→Rename Component..."，在弹出的 New Component Name 对话框内输入新元器件名 LM386（原来默认元件名 Component 1 则被改变为 LM386），单击 OK 按钮，即获得一个新的"元器件编辑器"窗口，如图 2-25 所示。

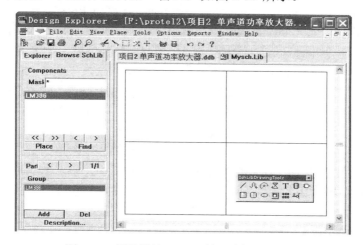

图 2-25　新元器件 LM386 的"编辑器"窗口

【知识链接】认识元器件符号

（1）元器件的组成。

一般来说，原理图中的元器件包括三个部分：元器件图、元器件引脚和元器件属性，如图 2-26 所示。

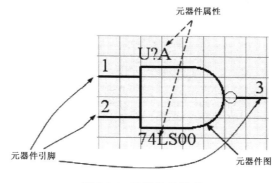

图 2-26　元器件的组成

① 元器件图：元器件图是元器件的主体部分，但这部分仅为一个电路图形符号，主要是给设计者看的，没有实际的电气意义。这部分可用 Place 菜单或 SchLibDrawingTools 工具栏中的画图命令画出来，是利用不具有电气意义的蓝色线条来绘制的。

② 元器件引脚：元器件引脚是元器件的主要电气部分，这部分不但设计者要看，而且软件还要用到它。元器件引脚除了外形上可分为一般引脚、短引脚、反相引脚（有一个小圆圈）、时钟引脚（有一个小三角形）之外，还有信号流向之分（眼睛看不到的）。而每只引脚都有引脚序号和引脚名称，是进一步应用原理图不可缺少的部分。

③ 元器件属性：元器件属性包括看得见的元器件序号、元器件名称，还有看不见的元器件封装、16 个元器件标注栏、8 个元器件库标注栏及一个元器件说明栏（Description，元器件功能的文字说明栏）。在"元器件编辑"窗口，执行菜单命令"Tools→Description"或用设计管理器的元器件库管理器中的 Description 按钮打开 Component Text Fields 对话框，在 Designator 对话框设置默认的元器件序号和元器件封装名称，在 Library Fields 对话框输入只读的元器件库标注栏的文本信息，在 Part Field Names 对话框中定义 16 个用户可以在"元器件属性"对话框中编辑的文本输入栏的名字，如元器件的生产商和类型号码等。元器件序号、元器件名称及元器件封装名称具有电气意义，是进一步制作印制电路板不可或缺的；而 16 个元器件标注栏、8 个元器件库标注栏及一个元器件说明栏是辅助管理及接口的非常有用的参数。

（2）元器件的结构。

元器件库中的每个元器件都是由一个或多个部件构成的。每一元器件都代表着实际的元器件，而其每一部件代表着该元器件的各功能单元。例如，分立元器件电阻器只有一个部件，而一电阻排就可以有 8 个部件，每个部件都代表着一实际电阻排的一个电阻。一个元器件可分为一个部件还是几个部件完全由设计者决定。设计者可以把继电器画成线圈和触点两个部件，也可以把继电器看做一个部件更符合实际需要。元器件的每一个部件都是原理图元器件库编辑器画在分立的图纸上的。

（3）元器件图的模式。

元器件不仅可以包括几个部件，而且每一部件也可以用三种不同形式的图形来表示，即有三种模式：正常模式、狄摩根模式、IEEE 模式。各种模式是分别画在各自一张图纸上的，在画原理图放置元器件的时候，要选择元器件图的模式，默认的模式为正常模式。在创建元器件的时候，正常模式是必须绘制的，其他两种模式则可有可无。

2．复制一个相似元件到剪贴板

（1）打开包含集成运放的项目数据库

执行菜单命令"File→Open"，打开 C:\Program Files\Design Explorer 99 SE \Library\Sch\Miscellaneous Devices.ddb 数据库，如图 2-27 所示。

（2）进入集成运放的编辑窗口

打开元器件库 Miscellaneous Devices.lib，切换到 BrowseSchLib 标签，在元器件库管理器的 Components 区域内找到运放 OPAMP，单击编辑区内即可显示出一般运放的符号，如图 2-28 所示。

（3）复制元器件到剪贴板

执行菜单命令"Edit→Select/All"命令或用鼠标全部框选,则 OPAMP 变成黄色选中状态。

再执行菜单命令"Edit→Copy",则鼠标上带有一个十字光标,移动光标到该元器件上某处单击,即把元器件复制到了剪贴板中,然后关闭 Miscellaneous Devices.lib 窗口。

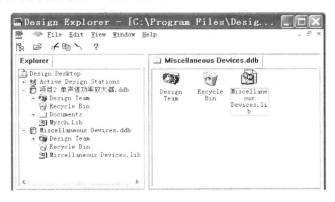

图 2-27　Miscellaneous Devices.ddb 数据库

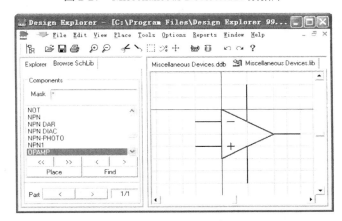

图 2-28　OPAMP 运放符号

3．粘贴、修改元件

（1）粘贴元器件到新元器件编辑区

在项目管理器 Explorer 中找到 Mysch.Lib 图标,单击,编辑区就回到图 2-25 所示的新元器件 LM386 的编辑器窗口。在该窗口中执行菜单命令"Edit→Paste",光标上显示一浮动的 OPAMP 元器件图,移动光标到元器件编辑区第四象限坐标原点附近,单击左键即可把元器件粘贴到新的元器件编辑区中。

（2）修改元器件

在编辑区内对一般 OPAMP 元件图按照图 2-23 所示的 LM386 实例进行修改,修改过程如下。

① 由于复制过来的 OPAMP 元器件同、反相端引脚位置与要制作的 LM386 相反（下"＋"、上"－"）,在 OPAMP 元器件选中状态下,单击按住元器件,同时按下键盘上的 Y 键,即可使元器件上下翻转。

② 执行菜单命令"Edit→DeSelect/All"或单击主工具栏中的 图标,撤销元器件图上黄色的被选中状态。按图 2-23 所示的 LM386 实例图要求移动已有的有关引脚,然后添加

元件剩余的 3 个引脚，执行菜单命令"Place→Pins"或单击绘图工具栏上的 ▲ 图标，在放置时可以按 Space 键使它旋转合适角度。执行菜单命令"Place→Line"或单击绘图工具栏上的 ╱ 图标，连接有关非电气连线（蓝色）。修改后的元器件如图 2-29 所示。

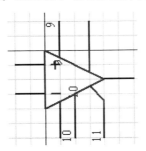

图 2-29　修改后的 LM386 元器件符号图

> 📺 **实用技巧**
>
> ① 由于系统默认的网格间距为 10，正好是一个网格，间距太大。有时在放置引脚或连线时需要放置在两格中间位置，此时需要修改绘图页有关网格的设置。执行菜单命令"Options→Document Options"或右击选择 Document Options，屏幕出现如图 2-30 所示的 Library Editor Workspace 对话框，Grids 区域是用于设置网格的，与原理图设计时的网格设置很相似，将 Snap 项设置为 5，Visible 项设置为 10，即光标每次移动间距为 5，图纸显示网格为 10，这样光标每移动一次可移动半个格。若想得到更精确的移动，可将 Snap 项设置得更小。
>
> ② 引脚的序号和名称是软件自动加上的，若引脚名称或引脚序号需要按顺序排列，则在放置第一个引脚前，按 Tab 键，然后在引脚 Name 和 Number 属性中输入排列序号的第一个数字或字母加数字。例如，若引脚序号按数字增加的顺序排列，则输入第一个数字；若引脚名称按 0，1，2，…，7 排列，则输入 0。

图 2-30　捕捉栅格的设置

（3）编辑元器件引脚属性

从图 2-29 可以看出，修改后的元器件符号图与要制作的图 2-23 所示实例有很大的差别，下面按表 2-3 的要求对元器件的引脚进行属性编辑。以引脚 3 为例：将光标移到引脚（黑色的）3 上，双击就会出现如图 2-31 所示的"引脚属性"对话框。
说明如下。

① Name：引脚名称，用户可以进行修改。

② Number：引脚序号（必须有），用户可以进行修改。

③ X-Location：引脚 X 方向位置。

④ Y-Location：引脚 Y 方向位置。

⑤ Orientation：是一个下拉列表框，其为引脚方向选择，有
0°、90°、180°、270° 四种旋转角度。

⑥ Color：引脚颜色设定。

⑦ Dot Symbol：选中复选框在引脚前加圆圈，在数字电路
中表示低电平有效。

⑧ Clk Symbol：选中复选框在引脚前加时钟标记（小三角形）。

⑨ Hidden：隐藏引脚。常用于隐藏数字电路的电源和地
线引脚。

⑩ Show Name ：选中复选框显示引脚名称。

⑪ Show Number ：选中复选框显示引脚序号。

⑫ Pin Length：引脚长度设定。

⑬ Selection：使引脚处于选中状态。

⑭ Global：该按钮的功能是对多个引脚进行统一修改。

⑮ Electrical Type：设置引脚电气功能，如图 2-32 所示。其下拉列表框共有 8 个选项。

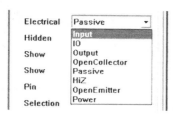

图 2-32　引脚电气功能设置

Input：输入型引脚。IO：输入输出双向引脚；Output：输出型引脚；Open Collector：集电极开路引脚；Passive：无源引脚；HiZ：三态输出型引脚；Open Emitter：发射极开路引脚；Power：电源地线引脚。

根据表 2-3 的要求，以引脚 3 为例，将 Name 栏中的引脚名称改为"IN+"， Number 栏中的引脚序号改为"3"， Electrical 栏改设为"Input"，选中 Show Number 复选框，表示只显示引脚号码，Pin 栏中的引脚长度改为 20mil；其他引脚可按此方法依次修改。最后修改完成的元件如图 2-33 所示。

（4）编辑元器件属性

在图 2-25 中，按下元器件管理器中的 Group 区域中的 Description 按钮或执行菜单命令"Tools→ Description"，即可开启 Component Text Fields（元器件属性）对话框，如图 2-34 所示。在 Designator 选项卡中的 Default Designator 栏中填入默认元器件序号 U？，在 Description 栏中填入说明文字"集成运放 LM386"（在电路原理图中不显示，但会出现在元器件列表文件中），在第一个 Footprint 栏中输入引脚封装形式 DIP8，最后单击 OK 按钮，即可完成元器件的属性说明的编辑。

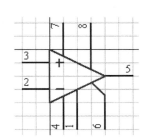

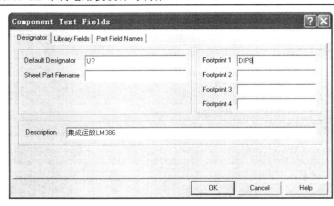

图 2-33　最后修改完成的元器件图　　　　图 2-34　元器件属性的编辑

4．保存已创建好的元器件

执行菜单命令"File→Save"或单击主工具栏中的 图标，即可把 LM386 元器件保存在 Mysch.Lib 中。

【拓展提高】在同一个库文件里创建多个原理图元件

上面的 Mysch.Lib 中只包含一个自制元件 LM386，而在一个 Mysch.Lib 中也可同时自制多个原理图元件。分为两种情况：一是库内已有类似的元件，可以复制过来再做一定的修改；二是自制全新的元件。注意，原理图元件的引脚序号一定要与实际器件封装引脚序号一致。

要求：在 Mysch.Lib 中自制以下 3 个原理图元件符号。

☞【操作方法】

1．手工自制全新的 JK 触发器符号

（1）打开已建好的原理图元件库文件 Mysch.Lib。

（2）执行菜单命令"Tools→Rename Component…"，系统弹出 New Component Name 对话框，如图 2-35 所示。

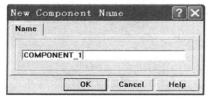

（3）将新建元件默认名 COMPONENT_1 改为 JK_1，单击 OK 按钮，屏幕上出现一个新的带有十字坐标的"原理图元件编辑"界面。

（4）设置栅格尺寸。执行菜单命令"Options→Document Options"，在 Library Editor Workspace 对话框中设置锁定栅格 Snap 的值为 5（或更小一些），以便于绘图。

图 2-35　New Component Name 对话框

（5）按 Page Up 键放大屏幕，直到屏幕上出现栅格为止。

（6）单击 SchlibDrawingTools（绘图）工具栏上的"矩形"图标 ，在十字坐标第四象限靠近中心原点位置放置矩形符号，绘制 JK 触发器元件外形，尺寸为 6 格×6 格，如图 2-36 所示。

（7）放置引脚。单击绘图工具栏上的 图标，按 Tab 键，在弹出的"Pin 属性"对话框中进行如下设置。

① Name：引脚名。如 J、K、Q、$\overline{Q}$ 等，其中 $\overline{Q}$ 在引脚名处应输入 Q\。

② Number：引脚号。每个引脚都必须有，如 1、2、3 等，但不能重复。由于本例是逻辑符号（不考虑封装），引脚号可自行设置。

③ Dot Symbol：引脚是否具有反相标志，CLK 和 $\overline{Q}$ 引脚应选中此项。

④ Clk Symbol：引脚是否具有时钟标志，CLK 引脚应选中此项。

⑤ Electrical Type：引脚电气性质，J、K、CLK 引脚选择 Input，、Q、$\overline{Q}$ 引脚选择 Output。一般对于不易判断电气特性的引脚均选择无源引脚 Passive。

⑥ Show Name ：是否显示引脚名，本例所有引脚均选中此项。

⑦ Show Number ：是否显示引脚号，本例所有引脚不选中此项，即均不显示引脚号。

⑧ Pin Length：引脚长度，本例所有引脚长度均为 30。

绘制完毕的 JK 触发器符号如图 2-37 所示。

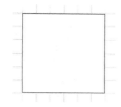

图 2-36 JK 触发器外形轮廓

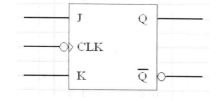

图 2-37 JK 触发器逻辑符号

（8）定义元件属性。单击管理窗口的 Description 按钮，开启 Component Text Fields 对话框，设置 Default Designator 栏为 U？（元件默认编号）。

（9）单击主工具栏中的 🖫 图标，把 JK_1 保存在 Mysch.Lib 中。

2. 自制复合元件——74LS00（国标）

通过上网或查阅手册等渠道找到元件 74LS00 有关资料，其实物和引脚图如图 2-38 所示。

（a）器件实物

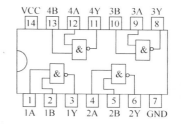

（b）外引脚排列图

图 2-38 74LS00 集成电路

【工程知识】14 引脚电源 VCC 和 7 引脚地 GND 是公共的，在门的符号中一般不会体现

（1）执行菜单命令"Tools→New Component"，输入元器件名 74LS00，单击 OK 按钮。

（2）绘制第一个子元件。执行菜单命令"Place→Line"或单击工具栏上 / 图标，绘制元件轮廓。将捕捉栅格（Snap）设为 5 或更小，放置引脚。第 1、2 引脚是输入引脚，3 引脚是输出引脚（其 Dot 选项应被选中），所有引脚名 Name 可设置为空，引脚长度改为 20。另外，注意添加电源和地引脚，并用工具栏文本 T 注明"&"，如图 2-39 所示。

将电源和地引脚改为隐藏：双击电源和地引脚，在弹出的对话框中将 Hidden 复选框选中，单击 OK 按钮即可隐藏，如图 2-40 所示。再执行菜单命令"View→Show Hidden Pins"可显示或隐藏电源和地引脚。

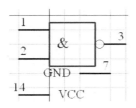

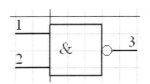

图 2-39　第一子元件　　　　　　图 2-40　隐藏电源和地引脚后的子元件

（3）创建第二个子元件。执行菜单命令"Tools→New Part"或单击工具栏中的图标 ⊃，编辑窗口出现一个新的界面，此时查看 Browse SchLib 选项卡中的 Part 区域，显示为"2/2"，表示现在 74LS00 这个元件共有两个单元，当前显示的是第二个单元。将图 2-40 所示的第一个子元件复制到第二个子元件的编辑区，修改引脚编号为 4、5、6。

（4）重复以上步骤，绘制第三、四单元。

（5）定义元件属性。设置 Default Designator 为 U?，Footprint 为 DIP14，其他项可不设置。

（6）单击主工具栏中的 🖫 按钮，把 74LS00 保存在 Mysch.Lib 中。

3．自制数码管（共阴极）

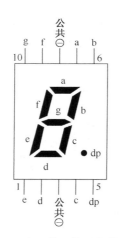

图 2-41　实际数码管引脚排列图

通过上网或查阅手册找到共阴极数码管有关资料，其引脚图如图 2-41 所示。可复制 Sch 库中已有的数码管相近元件符号，再进行修改绘制新的数码管符号。

（1）执行菜单命令"Tools→New Component"，输入数码管名 SM420501K，单击 OK 按钮。

（2）执行菜单命令"File→Open"，打开"Miscellaneous Devices.lib"元件库，进入 SchLib 编辑状态，在元件列表窗中右边移动滑条，找到数码管符号 DPY_7-SEG_DP，如图 2-42 所示。

这个符号是不能直接使用的，因为与图 2-41 所示的实际数码管不相符合：一是缺少两个公共引脚 com；二是引脚序号与实际不对应。

（3）将 DPY_7-SEG_DP 选中并复制（Ctrl+C），然后进入到 Mysch.Lib 的元件编辑窗口，将光标移到编辑区十字中心，在第四象限完成粘贴（Ctrl+V），取消选中状态。

按照图 2-41 所示的实际数码管引脚排列对 DPY_7-SEG_DP 符号进行修改，经修改后新的数码管符号如图 2-43 所示。用 Sch Lib 绘图工具栏中的放置字符串功能（单击 **T** 按钮）标注 3、8 公共引脚名称 com，字体大小为 8 号，字体颜色选黑色。而 3、8 引脚本身 Name 栏内容不予显示。

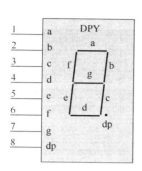

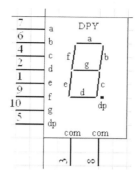

图 2-42   Sch 库中七段数码管   图 2-43   实际电路中的七段数码管

（4）定义元件属性。设置 Default Designator 为 DS？，Footprint 为 DSP（自制封装），其他项可不设置。

（5）单击主工具栏中的 🖫 按钮，把 SM420501K 保存在 Mysch.Lib 中。

2.1.3   绘制单声道功放原理图

1. 新建原理图文件

在"项目 2 单声道功率放大器.ddb"设计数据库中，执行菜单命令"File→New"，选择原理图文件图标，单击 OK 按钮，然后将原理图文件名更改为单声道功率放大器.sch。

2. 加载原理图元件库

双击"单声道功率放大器.sch"图标，进入原理图的设计环境。根据图 2-15 所示的单声道功率放大器原理图，将所用元器件整理成表 2-4。由表 2-4 可知，所有元件都来自于 Miscellaneous Devices．ddb 和 Protel DOS Schematic Libraries.ddb 两个元件库，所以先装入这两个库，才能从中调取元件。本项目中 LM386 为自制原理图元件，所以还要加载 Mysch.Lib 自制原理图元件库。加载 Mysch.Lib 的方法与加载一般元件库一样，只是路径为 F:\protel 文件夹\项目 2 单声道功率放大器.ddb，如图 2-44 所示。

表 2-4   单声道功率放大器元器件列表

元件库中定义的元件名称（Lib Ref）	元件所在库（Library）	元件描述（Designator）	元件类型（值）（Part Type）	元件封装（Footprint）	备注
RES2	Miscellaneous Devices.ddb	R1	1kΩ	AXIAL0.3	Mysch.Lib 为自制原理图元件库
POT2	Miscellaneous Devices.ddb	R2	2kΩ	POT2（自制）	

续表

元件库中定义的元件名称（Lib Ref）	元件所在库（Library）	元件描述（Designator）	元件类型（值）（Part Type）	元件封装（Footprint）	备注
ELECTRO1	Miscellaneous Devices.ddb	C1	2200μF	2200U（自制）	
CAP	Miscellaneous Devices.ddb	C2	103	RDA0.2	
ELECTRO1	Miscellaneous Devices.ddb	C3	470μF	RB.2/.3（自制）	
CAP	Miscellaneous Devices.ddb	C4	103	RDA0.2	
ELECTRO1	Miscellaneous Devices.ddb	C5	47μF	RB.1/.2（自制）	
DIODE	Miscellaneous Devices.ddb	D5	1N4007	DIODE（自制）	
LED	Miscellaneous Devices.ddb	D6	LED	CLED（自制）	Mysch.Lib 为自制原理图元件库
CON3	Miscellaneous Devices.ddb	J1	Power	Power（自制）	
CON2	Miscellaneous Devices.ddb	J2	Vin	SIP2	
SPEAKER	Miscellaneous Devices.ddb	LS1	SPEAKER	SIP2	
LM7805CT	Protel DOS Schematic Libraries.ddb	U1	7805	MY7805（自制）	
LM386	项目 2 单声道功率放大器.ddb（Mysch.Lib）	U2	LM386	DIP8	

图 2-44　加载自制元件库

3．放置元件、编辑元件、元件布局

按照表 2-4 中各元器件所在的库，可直接从元件列表中选择元器件，并将所有元器件放置到原理图绘图区中。接下来就是要进行所有元器件的整体属性编辑工作，双击某一要编辑的元器件，即可打开"元件属性"编辑对话框（Part 选项卡）。每个元器件的属性编辑可按照表 2-4 中的要求完成。然后按图 2-15 对电路进行布局。

4．连接线路

布局完成后，对电路元件进行连线。经过连线和调整后得到图 2-45 所示的单声道功率放大器电路原理图。

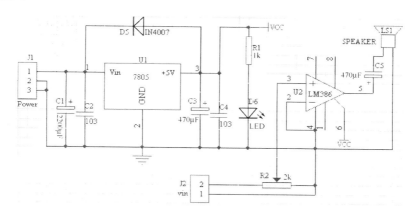

图 2-45　单声道功率放大器原理图

5．电路原理图的 ERC 检查

对完成的电路图进行 ERC 检查，并对发现的错误进行改正。

6．生成网络表

ERC 检查无错误后，生成名为"单声道功率放大器.NET"的网络表。

7．保存文件

执行菜单命令"File→Save"可自动按原文件名将原理图文件进行保存。

【相关知识】原理图的其他报表文件

原理图设计系统除了能生成 ERC 报表、网络表和元器件列表之外，还可以生成其他报表文件，包括元器件交叉参考表、元器件引脚列表、层次项目组织列表、网络比较表等。这些报表文件相当于原理图的设计档案，存放了原理图的各种信息，是设计电路重要的参考资料。

1．元器件交叉参考表

元器件交叉参考表主要用于列出层次式设计文件中各个元器件的编号、类型以及所在电

路，以便用户对其进行快速查询。其生成步骤如下。

（1）打开所设计的单声道功率放大器.sch，执行菜单命令"Reports→Cross Reference"。

（2）程序就会进入文本编辑，并产生扩展名为*.xrf 的元器件交叉列表，如图 2-46 所示。

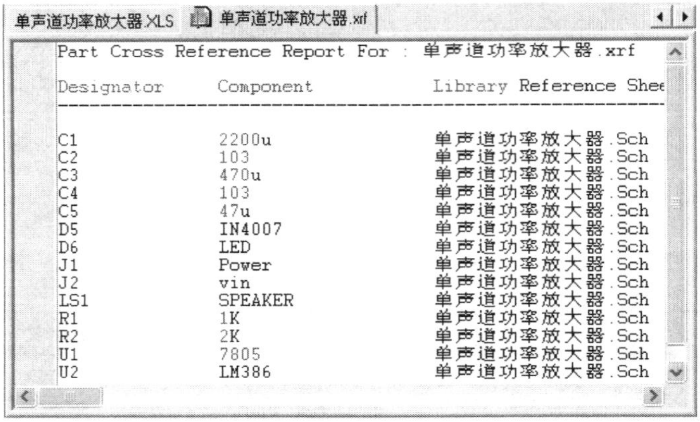

图 2-46　元器件交叉参考表文件

2．元器件引脚列表

元器件引脚列表主要用于列出所选元器件的引脚信息，如引脚号、名称、所在的网络名称等。其生成步骤如下。

（1）执行菜单命令"Edit→Select Inside Area"（或按住鼠标左键），此时鼠标指针的形状由空心箭头变为大十字，然后选中需要产生报表的那些元器件（为黄色状态）。

（2）执行菜单命令"Reports→Selected Pins"，系统会将所选中的元器件的引脚产生如图 2-47 所示的引脚列表。单击 OK 按钮，即可退出该引脚列表。

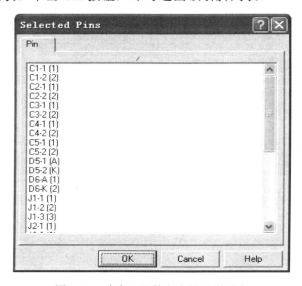

图 2-47　选中元器件产生的引脚列表

3. 层次项目组织列表

层次项目组织列表主要用于描述指定的项目文件中所包含的各个原理图文件的文件名和相互之间的层次关系。一般来说,只有层次电路才有必要生成层次项目组织列表,以方便设计。下面以 Protel 99 SE 自带的实例,说明生成层次项目组织列表的基本步骤。

(1)执行菜单命令"File→Open",打开需要生成层次项目组织列表的项目文件。本例打开的路径为: Design Explorer 99 SE\Example\LCD Controller.ddb\ LCD Controller processor 1120\ LCD Controller.prj。

(2)执行菜单命令"Reports→Design Hierarchy",程序就会进入文本编辑,并产生扩展名为*.rep 的层次项目组织列表。图 2-48 所示为层次电路"LCD Controller.prj"生成的一个层次项目组织列表文件。

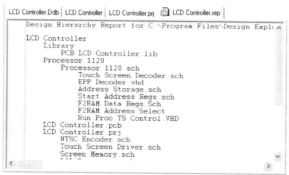

图 2-48　"LCD Controller.prj"生成的层次项目组织列表文件

4. 网络比较表

网络比较表主要是对电路原理图的网络表和印制电路板(PCB)图的网络表做比较,看二者有何不同,只有在绘制完印制电路板后,这个比较才具有实际意义。其具体操作步骤如下。

(1)执行菜单命令"Reports→Netlist Compare"。

(2)在出现的对话框中,程序要求指定一个网络表文件,然后单击 OK 按钮;程序要求指定第二个网络表文件,就又会出现这个对话框,再指定第二个网络表文件,再单击 OK 按钮。

(3)此时,系统程序开始自动进行比对,并将结果生成扩展名为*.rep 的网络比较表。

任务 2.2　制作元件封装及 PCB 设计

【任务剖析】

前面已经完成了单声道功率放大器原理图的绘制任务,本任务要做的主要工作是如何自制一个元器件的封装及单声道功率放大器 PCB 图的绘制，包括使用向导创建 PCB 文档、自制元件的封装、PCB 自动布局、自动布线及手工调整方法等部分。

【任务要求】

学完本任务，要求能制作出如图 2-49 所示的 PCB 图。

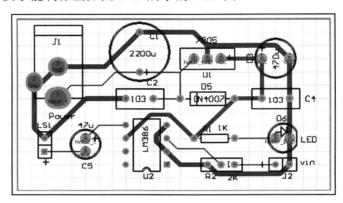

图 2-49　单声道功率放大器 PCB 图

2.2.1　使用向导创建 PCB 文件

前面我们介绍了传统方法创建一个 PCB 的步骤，Protel 同时提供了使用向导创建 PCB 的方法，下面介绍如何使用向导创建 PCB 文件。

> 📺 **核心提示**
>
> 使用向导创建 PCB 的好处是系统会自动对新的 PCB 文件设置印制电路板的有关参数，形成一个具有基本框架的 PCB 文件，还可以设置异形印制电路板。

使用向导创建 PCB 文件操作步骤如下。

（1）打开本项目的设计数据库——项目 2 单声道功率放大器.ddb 。

（2）执行菜单命令"File→New"，打开"新建文档"对话框（New Document），此时在这个对话框中选择 Wizards（向导）选项卡，如图 2-50 所示。

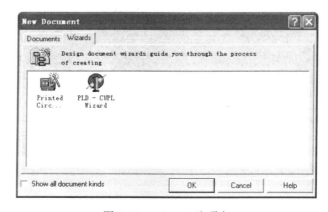

图 2-50　Wizards 选项卡

（3）双击对话框中创建 PCB 的向导图标 Printed Circuit Board Wizard，进入设计向导。在图 2-51 所示的"欢迎进入向导界面"对话框中单击 Next 按钮，进入向导的下一步。

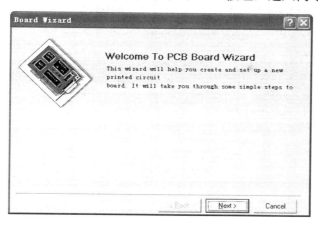

图 2-51　"欢迎进入向导界面"对话框

（4）在接下来的图 2-52 中，共有 10 种 PCB 的类型供我们选择。这里可选第一项"Custom Made Board"，即通用型印制电路板。

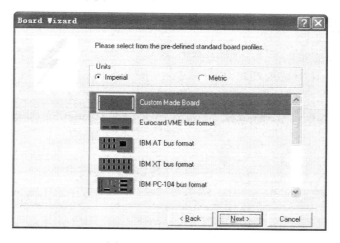

图 2-52　选择 PCB 类型

（5）在图 2-53 所示的对话框中，主要是让我们规划印制电路板的尺寸和形状。根据所设计的电路元器件的实际尺寸总体情况，在这里我们规划的印制电路板的边框尺寸为 2400mil×1400mil（长×高），矩形。

① Title Block：是否显示标题栏，选中表示显示。

② Scale：是否显示刻度尺。当 Title Block 和 Scale 两个复选框同时无效时，将不再显示标题栏和刻度尺。

③ Legend String：是否显示图例字符，选中表示显示。

④ Dimension Lines：是否标注印制电路板尺寸，本例选中此项。

⑤ Corner Cutoff：是否在印制电路板四个角的位置开口。该项只有在印制电路板设置为矩

形板时才可设置。

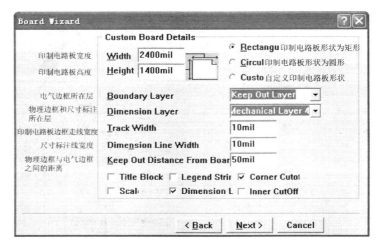

图 2-53　规划印制电路板的尺寸

⑥ Inner Cutoff：是否在印制电路板内部开口。该项也是在印制电路板设置为矩形板时才可设置。

规划完成后，单击 Next 按钮，进入向导的下一步，此时就会出现印制电路板的边框尺寸示意图，如图 2-54 所示。

再次单击 Next 按钮，又会出现印制电路板的四角开口设置示意图。系统默认值为500mil×500mil，这里我们设置四角开口尺寸为 0mil×0mil，即四角不开口，设置完毕后如图 2-55 所示。

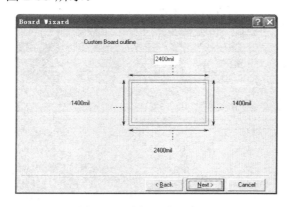

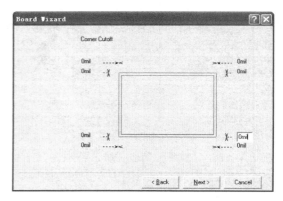

图 2-54　边框尺寸示意图　　　　　　图 2-55　印制电路板的四角开口设置

再次单击 Next 按钮，出现的是印制电路板内部开口示意图。这里我们规划印制电路板无内部开口，所以将所有选项参数设置为 0mil，如图 2-56 所示。

（6）在图 2-57 所示的对话框中，用来设定印制电路板的工作层数和类型等。

① Two Layer-Plated Through Hole：双面板，过孔电镀。本例选择该项。

② Two Layer-Non Plated：双面板，过孔不电镀。

③ Four Layer：4 层板。

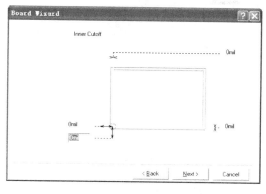

图 2-56　印制电路板内部开口设置

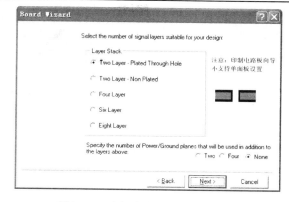

图 2-57　选择印制电路板的工作层数

（7）在图 2-58 所示的对话框中，选择过孔的类型，共有两种样式供选择。第一项"Thruhole Vias only"表示过孔穿过所有板层；第二项"Blind and Buried Vias only"表示过孔为盲孔，不穿透印制电路板。本例选择第一项。

（8）在图 2-59 所示的对话框中，共有两部分。一部分用来指定该印制电路板上以哪种元器件为主（Surface-mount components 选项是以表面粘贴式元器件为主；而 Through-hole components 选项则是以针脚通孔式元器件为主）；另一部分用来选择确定焊盘之间允许穿过导线的条数。这里我们指定针脚式元器件，元器件引脚间允许一条导线穿过。

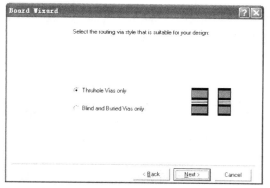

图 2-58　选择过孔类型

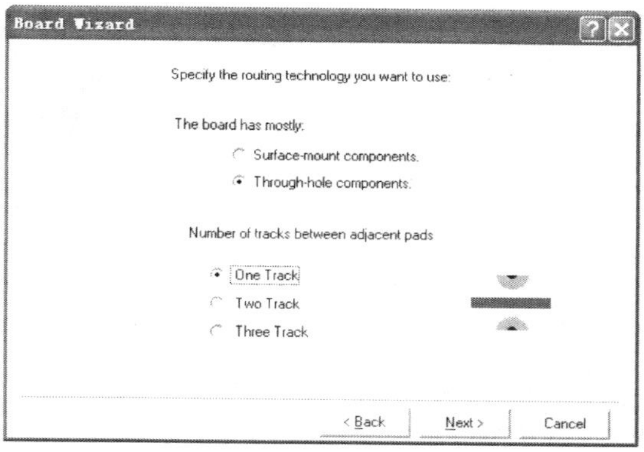

图 2-59　选择哪种元器件为主的印制电路板

（9）在图 2-60 所示的对话框中，确定走线和过孔的相关参数信息。

（10）图 2-61 所示的对话框是向导的最后一步，只需单击 Finish 按钮即可结束向导。

结束向导后，新建的 PCB 文件将自动处于打开状态，系统默认文档名为 PCB1.PCB。关闭该文件，将其重命名为"单声道功率放大器.PCB"，重新打开后的 PCB 文件如图 2-62 所示。至此，我们已经成功利用向导完成了一个 PCB 文件的创建工作，接下来就是要在该文件里完成本项目的 PCB 制作了。

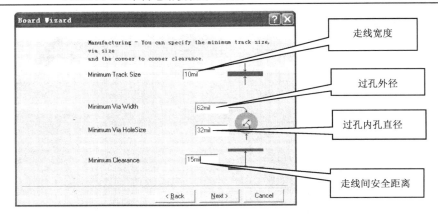

图 2-60　设置布线和过孔的参数

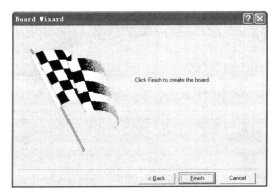

图 2-61　完成 PCB 文档的向导　　　　　图 2-62　向导生成的印制电路板框架

2.2.2　自制 PCB 元件封装

因为元器件的封装就是真实的元器件包装，非常强调尺寸的准确性，所以在自制元器件封装之前，要通过查元器件使用手册或用高精度测量工具精确测量元器件的外形、引脚尺寸、引脚间距、安装螺钉孔径等元器件的实际尺寸。

由表 2-4 可知，电路中共有 8 个元器件在 Protel 99 SE PCB 封装库里找不到合适的封装，需要自制封装。分别是稳压芯片的封装 MY7805、发光二极管的封装 CLED、普通二极管封装 DIODE、470μF 电解电容的封装 RB.2/.3、2200μF 电解电容的封装 2200U、47μF 电解电容的封装 RB.1/.2、可调电位器 R2 的封装 POT2 和电源插口封装 Power。

1．手工自制新元件封装

下面以自制 7805 芯片的封装为例进行说明。在"项目 2　单声道功率放大器.ddb"设计数据库下，执行菜单命令"File→New"，系统显示图 2-63 所示的对话框，选择 PCB Library Document 图标，单击 OK 按钮，此时可将新建元件封装库文件名修改为 Mypcb.Lib。

如图 2-64 所示为 7805 封装外形图；如图 2-65 所示为稳压芯片 7805 元件封装 MY7805。

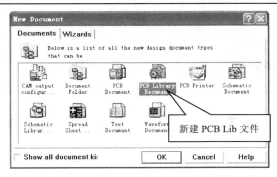

图 2-63 新建文件

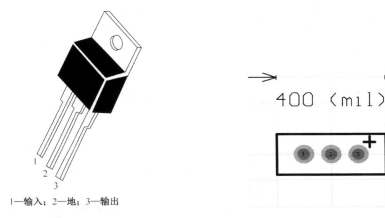

1—输入；2—地；3—输出

图 2-64 7805 封装外形图　　　　　　图 2-65 7805 的 PCB 元件封装图

要求： 绘制一个 7805 元件封装，保存在 Mypcb.Lib 中。矩形轮廓的长为 400mil，高为 160mil，矩形轮廓线宽 Width=10mil。三个焊盘参数一致为：X-SIZE=Y-SIZE=80mil，Hole-size =46mil。每两焊盘之间的距离为 100mil。

☞【操作步骤】

（1）设置元件封装参数

打开元件封装库文件 Mypcb.Lib，执行菜单命令"Tools→Library Options…"，在 Layer 选项卡选中 Top Overlayer（顶层丝印层）及 Multilayer（多层），将 Visible Grid2（可视栅格 2）设为 100mil，其他选项可默认。

（2）绘制元件封装图形对象

① 绘制元件的引脚焊盘。执行菜单命令"Edit→Jump Reference"，使光标指向坐标参考零点（0,0）。再执行菜单命令"Place→Pad"或单击 PCBLibPlacementTools 工具栏中的 ◉ 图标，按 Tab 键设置焊盘属性，如图 2-66 所示。在坐标参考零点处放置第 1 个焊盘，并依次放置第 2、3 焊盘，如图 2-67 所示。

② 绘制元件的轮廓。*将工作层切换到 Top Overlayer（顶层丝印层）*，执行菜单命令 *"Place→Track"* 或单击 PCBLibPlacementTools 工具栏中的图标 ≈，此时光标变为十字，先确定矩形的起点，按照尺寸要求完成矩形轮廓的绘制。执行菜单命令"Place→String"或单击 PCBLibPlacementTools 工具栏中的 **T** 图标，标注第 3 引脚旁边的"+"符号，绘制完成元件封

装如图 2-68 所示。

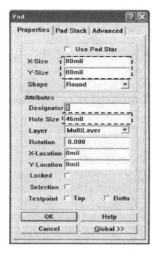

图 2-66　"焊盘属性"对话框

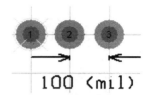

图 2-67　三个焊盘的位置

（3）命名保存元件封装

执行菜单命令"Tools→Rename Component…"，在弹出的如图 2-69 所示对话框中将新创建的元件封装命名为 MY7805。单击主工具栏中的 🖫 按钮，把元件封装保存在 Mypcb.Lib 中。

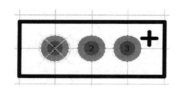

图 2-68　7805 的 PCB 元件封装

图 2-69　"元件封装命名"对话框

【知识链接】工具栏的自定义开启

在运行 Protel 99 SE 软件时，如果不能打开有关工具栏，是由于该工具栏没有进行自定义造成的。执行菜单命令"View→Toolbars/Customize"，弹出 Customize Resources（自定义资源）对话框，如图 2-70 所示。在 Toolbars 标签中选择相应的工具栏（前面打"×"），则定义了此工具栏可以打开，否则不能打开。

2. 自制其他元件封装

上面只是完成了 7805 一个元件封装的自制，还有其他元件封装可按同样方法进行创建，结果均保存在 Mypcb.Lib 中。下面给出它们的外形和尺寸，作为自制时的参考，图示尺寸单位均为 mil。

执行菜单命令"Tools→New Component"，系统弹出 Component Wizard 对话框，进入元件封装创建向导。单击 Cancel 按钮，退出向导，可在元件封装库编辑器中手工创建新元件封装。如果单击 Next 按钮，则进入利用向导创建元件封装步骤。

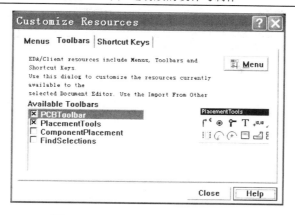

图 2-70　Customize Resources 对话框

（1）发光二极管封装 CLED

如图 2-71 所示为发光二极管 CLED 封装图，二极管正极和负极引脚之间的距离为 100mil，外边圆弧的半径为 110mil。焊盘 A、K 参数一致为 X-SIZE=Y-SIZE=80mil，Hole-size=30mil。

（2）普通二极管封装 DIODE

如图 2-72 所示为普通二极管封装 DIODE，两个焊盘参数一致为 X-SIZE=Y-SIZE=80mil，Hole-size =32mil。两焊盘之间的距离为 400mil。

图 2-71　发光二极管封装 CLED

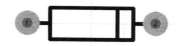

图 2-72　普通二极管封装 DIODE

📺 **核心提示**

二极管的元件封装焊盘号（Designator）与元件符号引脚号（Number）必须对应一致，否则在 PCB 制作时会出现网络错误。例如，直接装载 Advpcb.ddb 库中的二极管封装 DIODE0.4 焊盘号为 A、K，与原理图二极管符号的引脚号 1、2 不一致，如图 2-73 所示。

有两种修改方法：

① 在原理图元件库中将二极管的引脚号 Number 分别改为 A、K；

② 在 PCB 元件封装库中将二极管封装的焊盘号 Designator 分别改为 1、2。

三极管等元件封装也存在类似的问题，在使用时一定要注意修改。

（a）二极管元件符号中的引脚号为1、2　　　　（b）二极管元件封装中的焊盘号为A、K

图 2-73　二极管元件符号与封装引脚的对应

（3）470μF 电解电容封装 RB.2/.3

如图 2-74 所示为 470μF 电解电容封装 RB.2/.3。两个焊盘之间的距离为 200mil，外边圆弧的半径为 150mil，两个焊盘参数一致为 X-SIZE=Y-SIZE=80mil，Hole-size =30mil，1 引脚为正极。

（4）2200μF 电解电容封装 2200U

如图 2-75 所示为 2200μF 电解电容的封装 2200U，两个焊盘参数一致为 X-SIZE=Y-SIZE=80mil，Hole-size=30mil，两个焊盘引脚之间的距离为 300mil，外边圆弧的半径为 220mil，1 引脚为正极。

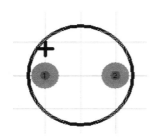
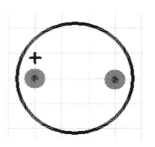

图 2-74　470μF 电解电容封装 RB.2/.3　　　图 2-75　2200μF 电解电容的封装 2200U

（5）小容量电解电容 47μF 封装 RB.1/.2

如图 2-76 所示为 47μF 电解电容的封装 RB.1/.2，两个焊盘参数一致为 X-SIZE=Y-SIZE=80mil，Hole-size=30mil，两个焊盘引脚之间的距离为 100mil，外边圆弧的半径为 110mil，1 引脚为正极。

（6）可调电位器的封装 POT2

如图 2-77 所示为可调电位器的封装 POT2，三个焊盘参数一致为 X-SIZE=Y-SIZE=80mil，Hole-size =30mil。每两个焊盘引脚之间的距离为 100mil。

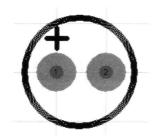
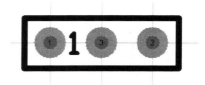

图 2-76　47μF 电解电容的封装 RB.1/.2　　　图 2-77　可调电位器的封装 POT2

（7）电源插口封装 Power

如图 2-78 所示为电源插口 Power 封装，第 1 引脚为电源端，第 2、3 引脚为接地端。表 2-5 为焊盘尺寸。

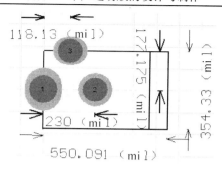

图 2-78　电源插口 Power 封装

表 2-5　焊盘尺寸　　　　　　　　　　　　　　　　　　　　　mil

尺寸/焊盘	1	2	3
X-SIZE	165	155	155
Y-SIZE	200	155	130
HOLE-SIZE	130	110	110

【相关知识】制作元件封装常见的问题

在绘制元件封装时，一定要注意以下一些细节问题。

（1）必须按照 1∶1 的比例制作元件封装

用刻度尺测量的结果必须真实可靠，必须按真实数据进行制作，有时还要考虑为元件预留一些空间，保证元件能可靠地安装进入制作好的 PCB 中。

（2）注意最小单位的选择

因为实际测量的元件尺寸可能是小数，如 12.1mm，这时需要更改设置才能绘制出元件封装。在 PCB 元件编辑区内右击，选择 Options 选项下的 Library Options...选项，将 Options 标签中的 Snap X 和 Snap Y 都改成 0.1mm 即可。

（3）注意元件封装的命名

元件封装的命名要和原理图中对应元件填写的 Footprint 封装名一致，否则在导入网络表文件时会出错。

（4）其他问题

① 焊盘大小不合适，尤其是焊盘的内径选择太小，会造成元件引脚无法插进焊盘。

② 封装外形轮廓小于实际元件，导致元件过于紧密而无法安装。

③ 应在丝印层上绘制封装外形轮廓。

【拓展提高】利用向导制作 PCB 元件封装

除了用手工自制元件封装以外，同样可以利用向导绘制有规则系列的 PCB 元件封装。

要求： 用向导制作图 2-75 所示的电解电容封装 2200U（具体外形尺寸不变）。

☞【操作步骤】

（1）打开元件封装库文件 Mypcb.Lib，执行菜单命令 "Tools→New Component"，弹出如

图 2-79 所示的 Component Wizard 对话框。

（2）单击 Next 按钮，弹出如图 2-80 所示的"选择元件类型"对话框，本例选择电容封装 Capacitors。

图 2-79　创建元件封装向导

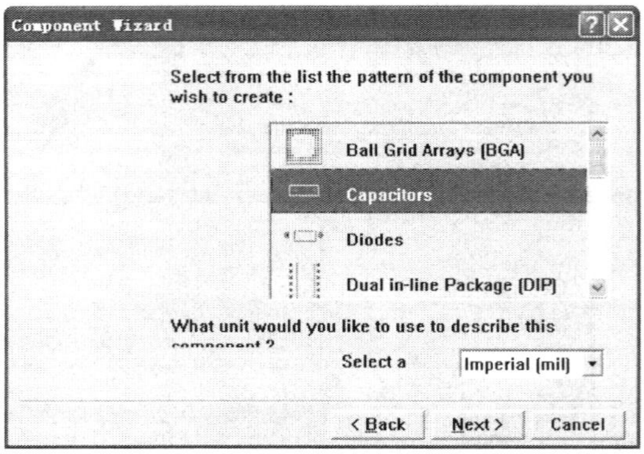

图 2-80　"选择元件类型"对话框

（3）单击 Next 按钮，弹出"选择封装类型"对话框，如图 2-81 所示。

图 2-81 中有以下两个选项。

① Through Hole：通孔式针脚封装，本例选择该项。

② Surface Mount：表面粘贴式封装。

（4）单击 Next 按钮，弹出"设置焊盘尺寸"对话框，按图 2-82 所示设置焊盘尺寸。

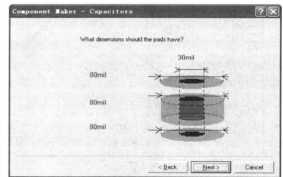

图 2-81　"选择封装类型"对话框

图 2-82　"设置焊盘尺寸"对话框

（5）单击 Next 按钮，弹出"设置焊盘间距"对话框。设置焊盘间距为 300mil，如图 2-83 所示。

（6）单击 Next 按钮，弹出"设置封装外形"对话框，如图 2-84 所示。

① Choose the capacitor's polarity 区域，选择电容是否有极性。

➤ Not Polarised：无极性电容。

➤ Polarised：有极性电容，本例选择此项。

② Choose the capacitor's mounting style 区域，选择电容类型是轴向还是径向。

➤Axial：轴向。

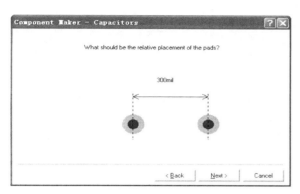

图 2-83　"设置焊盘间距"对话框

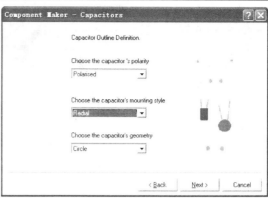

图 2-84　"设置封装外形"对话框

➤Radial：径向，本例选择此项。

③ Choose the capacitor's geometry 区域，选择电容外形轮廓。

➤ Circle：圆形，本例选择此项。

➤ Oval：圆角矩形。

➤ Rectangle：矩形。

（7）单击 Next 按钮，弹出"设置外形轮廓尺寸"对话框，设置轮廓半径为 220mil，如图 2-85 所示。

（8）单击 Next 按钮，弹出"设置封装名称"对话框，将元件封装名称由默认名"Capacitor"改为"2200U"。单击 Next 按钮，出现"向导结束"对话框，单击 Finish 按钮，完成的元件封装如图 2-86 所示。此时的"+"极性标志在焊盘 2 附近。

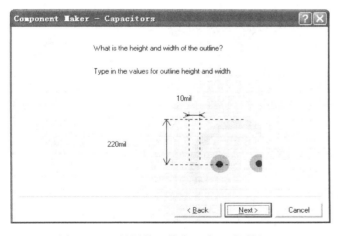

图 2-85　"设置外形轮廓尺寸"对话框

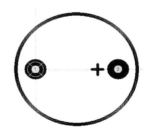

图 2-86　用向导绘制的电容封装

（9）选中"+"标志，移到焊盘 1 附近，再撤销选中状态。单击主工具栏中的 ⊟ 按钮，把元件封装保存在 Mypcb.Lib 中。

2.2.3 单声道功放 PCB 的设计

1．加载自制元件封装库

（1）打开"单声道功率放大器.PCB"文件，进入 PCB 设计环境。

（2）加载封装库。Protel 99 SE 默认加载了一个封装库："Advpcb.ddb\PCB Footprints.Lib"，本任务中大部分元器件封装都可以在这个封装库中找到，但自制的 8 个元器件需要另外加载。加载路径为 F:\protel\项目 2 单声道功率放大器.ddb 文件，自制 PCB 元件封装库 Mypcb.Lib 文件被装入，再单击 OK 按钮，即可完成自制元器件封装的加载。

> 📺 **核心提示**
>
> 由于自制元器件封装不存在于 PCB 自带的封装库 Advpcb.ddb 中，所以必须后加载；否则在下面装入的网络表中，将无法调入这些自制的元器件封装，从而无法自动生成这些元器件。

2．设置印制电路板参数

将 Visble Grid 2 设置成 100mil，执行菜单命令"Edit→Origin/set"或单击工具栏中的图标 ▓，设置边框的左下角为当前坐标原点。网格设成线状（因为向导方式默认点状），其他选项默认即可。

3．装载网络表

执行菜单命令"Design→Load Nets…"，选择要载入的网络表文件，单击 OK 按钮。如果载入的网络表有错误，如图 2-87 所示，需要根据错误提示对原理图进行修改，然后重建网络表，并再次载入网络表，直到网络表无误后，单击 Execute（执行）按钮将元件和网络表调入 PCB。

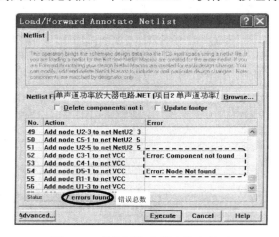

图 2-87　装载网络表错误信息提示

【工程经验】装载网络表常见的错误信息及其处理方法

装载网络表时常会出现以下一些错误信息。

（1）一般错误是原理图中指定的元件封装形式在封装库中找不着，显示错误：Footprint ×
×× not found in Library。

解决办法：刚才创建的元件封装库可能未正确加载，重新添加自制的封装库。

（2）找不到元件封装图，这种情况将显示：Component not found。

解决办法：原理图可能未填写封装（或写错），重新在原理图填写元件封装，重新创建网络表，加载网络表。例如，错将电解电容 C3 的封装形式写为"RB0.2/0.3"，则需重新修改为自制封装"RB.2/.3"。

（3）封装可以找到，但是引脚号和焊盘号不一致，显示错误：Node Not found。

解决办法：修改元件封装的焊盘号，重新加载元件封装。例如，二极管 D5 图形符号的引脚编号为 1、2，若直接使用其对应的"DIODE0.4"封装，引脚编号却为 A、K，这就需要创建二极管封装修改引脚编号（或者重新编辑图形符号），使二者引脚号一致。则需重新修改为自制封装"DIODE"。

4．元器件的布局

完成网络表和元件的装入后，就可以开始对元件进行布局。元件布局可自动布局也可手动布局。一般先自动布局，然后手工调整。

（1）自动布局

执行菜单命令"Tools→Auto Placement/Auto Placer"，在"自动布局设置"对话框中选择 Cluster Placer 方式，并且选中 Quick Component Placement（快速布局）选项，单击 OK 按钮，完成元件的自动布局。显然这种自动布局的效果不够理想，还需要手工进一步调整使布局更加合理。

（2）手工调整布局

在调整布局之前应仔细研究整个电路所有元器件的最佳布局方案，尽量减少飞线的交叉、绕远现象；同时调整所有元器件序号及其封装型号的字体大小、方向和位置（如自动布局时默认所有元器件序号及封装型号字符串的高度为 60mil、宽度为 10mil，有些过大而占用空间，应将其整体编辑调整高度为 40mil、宽度为 8mil 比较合适），并适当调节 PCB 边框的大小。手工布局后的 PCB 如图 2-88 所示。

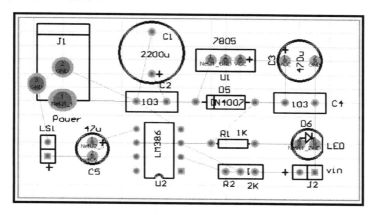

图 2-88　手工调整布局结果

📺 **核心提示**

① 布局是 PCB 设计中最关键的工作，布局是否合理将影响印制电路板的许多方面，比如 PCB 的装配合理性、电磁干扰、系统稳定性及 PCB 的布通率等。

② PCB 的自动布局是以总的飞线距离最短为原则的布线方案，并考虑不到实际的元器件装配工艺的合理性，还要考虑按信号流向布放元件，避免输入、输出、高低电平部分交叉成环。

③ 手工调整布局需要有一定的实际设计工作经验，所以要多加练习、总结与提高。

5. PCB 布线

（1）自动布线

在 Auto Route 菜单下，自动布线的方法有 5 种，分别为 All（全局布线）、Net（选定网络布线）、Connection（对两连接点进行布线）、Component（指定元器件布线）、Area（指定区域布线），一般主要采用全局布线。

① 设置自动布线规则。由于本项目电路不大，元器件不多，可选用单面板进行设计。执行菜单命令"Design→Rules..."，出现 Design Rules（设计规则）对话框。在 Routing 布线规则设置选项卡下，选择布线工作层面（Routing Layers），设置布线层为"底层"（Bottom Layer），走线方式为"任意"（Any），顶层为"不使用"（Not Used）；布线拐角模式（Routing Corners）设置为 45°；线宽设置（Width Constraint）中，地线宽度设置为 1mm，电源线宽度设置为 0.8mm，信号线的宽度设置为 0.3 mm。

【工程经验】线宽的设置

为了增强抗干扰能力，尽量加宽电源与地线的宽度，最好是地线比电源线要宽一些，它们之间的关系是：地线＞电源线＞信号线。通常信号线宽度为 0.2～0.3mm，电源线宽度为 0.5～2.0mm，地线宽度为 0.8～2.5mm。

下面主要介绍线宽的设置。设置线宽的操作应在自动布线前进行，具体操作如下。

执行菜单命令"Design→Options..."，将 Measurement Unit（计量单位）设置为 Metric（公制）→单击 OK 按钮→再执行菜单命令"Design→Rules..."，在出现的 Design Rules 对话框中选择 Routing 选项卡→选择 Width Constraint 规则，如图 2-89 所示 Rules Classes 的区域→单击 Add 按钮，弹出如图 2-90 所示的"设置线宽"对话框→在 Max-Min Width Rule 对话框左侧 Filter kind（筛选设置线宽类别）旁的下拉列表框中选择 Net（网络），在 Net 下面的下拉列表框中选择要设置线宽的网络名称（如 GND），在右侧的线宽设置中将最大值 Maximum Width 和首选值 Preferred Width 设置为 1mm，如图 2-90 所示→单击 OK 按钮返回 Design Rules 对话框。重复以上步骤，将电源网络 VCC 的线宽设置为 0.8mm，Board（整个印制电路板）信号线的线宽设置为 0.3mm，设置完毕的 Design Rules 对话框如图 2-89 所示→单击 Close 按钮关闭对话框。

【注意】在设置线宽时一定要保留范围（Scope）为整个板（Board）的设计规则，如图 2-89 中所示，Name 为 Width，在此基础上再设置其他网络（Net）的线宽。

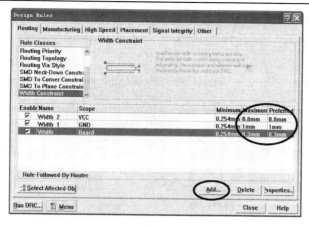

图 2-89 线宽设置完毕的 Design Rules 对话框

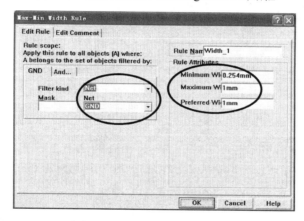

图 2-90 GND 网络线宽的设置

② 自动布线操作。执行菜单命令"Auto Route→All"，在出现的"自动布线设置"对话框中单击左下角的"Route All"按钮，程序就开始对整个电路进行自动全局布线。完成自动布线的结果如图 2-91 所示。

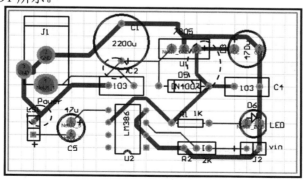

图 2-91 完成自动布线的 PCB 图

（2）手工调整布线

Protel 自动布线生成的 PCB 总会存在一些走线不合理的地方，所以在自动布线完成后，往往需人工进行多次修改调整。

例如，在图 2-91 中虚线圆所示的地方，存在布线绕远等不合理现象。执行菜单命令"Tools→Un-Route/Connection"拆除不合理的相关导线（拆除后变成了飞线），如图 2-92（a）所示。执行菜单命令"Place→Interactive Routing"或单击 Placement Tools 工具栏中的图标 ，启动交互式布线方式，按飞线连接提示进行手工调整布线，注意，起（终）点出现八角形时才能开始布线，如图 2-92（b）所示。

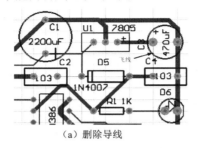
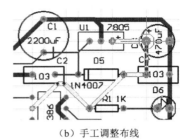

（a）删除导线   （b）手工调整布线

图 2-92   手工调整布线

核心提示

不能用菜单命令"Place→Line"或工具栏中的图标 （画线）进行自动布线后的手工调整，因为它不具有网络标号连接功能。

需要调整的布线主要有以下几个方面。

① 连接飞线。在自动布线完成后，有时还有部分连线未布成功，仍有飞线存在。此时可调整器件位置并执行菜单命令"Auto Route→Connection"进行两连接点间的自动布线。也可仔细观察导通路径，进行手工连线。

② 修改拐弯太多的导线。拐弯太多的导线增加了走线长度，又不美观，降低了印制电路板工作的可靠性，因此需要修改。有时为了修改一条线，往往需删除很多线后，再重新手工布线。

③ 挪走严重影响多数走线的导线。有时由于某一根导线的位置安排得不好，影响了邻近几根导线的走线，这时可调整这根导线的位置，以方便其他导线正常走线。

④ 调整过密的导线。在自动布线完成后，可以看到板上很多的导线排列得很密集，而周围却还有很大的空间。这时可适当将这些导线的距离拉开，均匀分布。

完成手工调整布线后的 PCB 如图 2-93 所示。

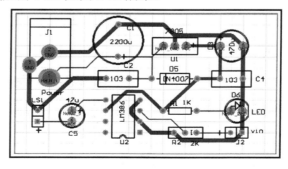

图 2-93   单声道功率放大器 PCB 图

【实用技能】泪滴化焊盘

泪滴化焊盘即补泪滴，就是在导线与焊盘（或是过孔）交接的位置特别地将导线逐渐加宽，由于其形状很像泪滴，所以称为补泪滴。补泪滴的主要目的是保护焊盘，避免焊盘（或过孔）在钻孔后，因为承受钻头的压力而使导线与焊盘的接触点处应力过于集中产生断裂。

要进行补泪滴操作，首先执行菜单命令"Edit→Select/Net"切换成选择网络模式，然后用鼠标左键选择那些要进行补泪滴操作的网络走线（本例只选择信号线，因为其线宽较细，仅为 0.3 mm），按 Esc 键（或右击）回到待命状态。再执行菜单命令"Tools→Teardrop..."，打开如图 2-94 所示的"泪滴选项"对话框。

在 General 区域，可选择泪滴操作的作用范围（本例选择 Selected Objects）；在 Action（行为）区域，可选择添加和删除泪滴操作；在 Teardrop Style（泪滴形状）区域，可选择泪滴形状。单击 OK 按钮，完成补泪滴的印制电路板如图 2-95 所示。

若要拆除泪滴，在 Action 区域，选中 Remove 单选按钮，单击 OK 按钮，即可删除刚才所添加的泪滴。

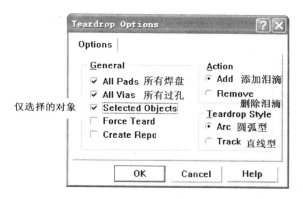

图 2-94　"泪滴选项"对话框

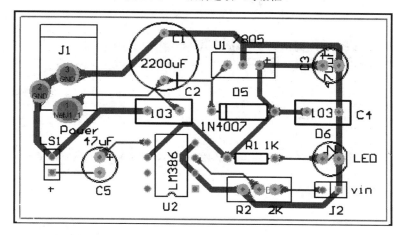

图 2-95　信号线补泪滴后的单声道功率放大器 PCB 图

6. 设计规则检查（DRC）

进行设计规则 DRC 检查，若有违反设计规则情况，返回重改。

执行菜单命令"Tools→Design Rule Check…"，打开 Design Rule Check 对话框，再单击左下方的 Run DRC 按钮，就会生成单声道功率放大器.DRC 报表文件，如图 2-96 所示。

```
Protel Design System Design Rule Check
PCB File  : Documents\单声道功率放大器.PCB
Date      : 10-Feb-2014
Time      : 22:28:26

Processing Rule : Width Constraint (Min=10mil) (Max=50mil) (Prefered=31.496mil) (Is on net VCC )
Rule Violations : 0

Processing Rule : Width Constraint (Min=10mil) (Max=50mil) (Prefered=39.37mil) (Is on net GND )
Rule Violations : 0

Processing Rule : Hole Size Constraint (Min=1mil) (Max=100mil) (On the board )
    Violation        Pad J1-3(300mil,930mil)  MultiLayer  Actual Hole Size = 110mil
    Violation        Pad J1-2(122.825mil,818.13mil)  MultiLayer  Actual Hole Size = 110mil
    Violation        Pad J1-1(300mil,700mil)  MultiLayer  Actual Hole Size = 130mil
Rule Violations : 3

Processing Rule : Width Constraint (Min=10mil) (Max=39.37mil) (Prefered=11.811mil) (On the board )
Rule Violations : 0

Processing Rule : Clearance Constraint (Gap=10mil) (On the board ),(On the board )
Rule Violations : 0

Processing Rule : Broken-Net Constraint ( (On the board ) )
Rule Violations : 0

Processing Rule : Short-Circuit Constraint (Allowed=Not Allowed) (On the board ),(On the board )
Rule Violations : 0


Violations Detected : 3
Time Elapsed        : 00:00:00
```

图 2-96　DRC 报表文件中违反设计规则的错误报告

从 DRC 报表中发现有 3 处错误，分别是 J1 的 3 个焊盘（Pad）上都发生了违反焊盘孔设计规则（Hole Size Constraint）的情况。返回到 PCB 图中，观察电源插口 J1 元件外形，可以看到它的 3 个焊盘都显示亮绿色。

（1）查看当前的设计规则

执行菜单命令"Design →Rules…"，在 Manufacturing 选项卡下，可看到焊盘孔径的默认设置为 1～100mil，如图 2-97 所示。而 J1 的 3 个焊盘孔分别为 130mil、110mil、110mil，均超过了这个上限值，违反了设计规则。

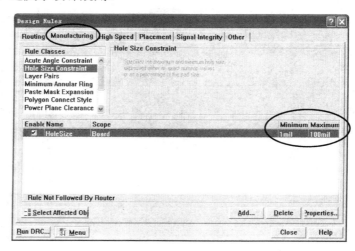

图 2-97　印制电路板焊盘孔径的设置

（2）违反规则错误的修改

修改设计规则，将焊盘孔径设置为 1～130mil，重新运行 DRC，不再违反设计规则。

7. 观察 3D 预览图

Protel 99 SE 提供了 3D 预览功能。使用该功能，可以很方便地看到加工成型之后的印制电路板焊接元件之后的效果，使设计者对自己的作品有一个较直观的印象。

如果想看一下立体（3D）和实际布线效果，可执行菜单命令"View→Board in 3D"命令或单击主工具栏中的图标 🖼，即可生成 PCB 的 3D 效果图，如图 2-98 所示。

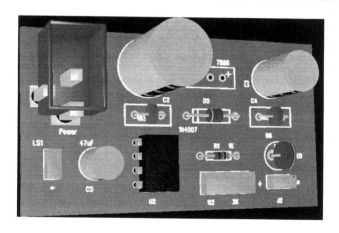

图 2-98　PCB 的 3D 效果图

任务 2.3　雕刻法制作单声道功放 PCB

1. 雕刻机的工作原理

印制电路板雕刻机是一种机电结合的高新科技产品，它可根据 PCB 线路设计软件（如 Protel）设计生成的线路文件，自动精确地制作单、双面印制电路板。该设备利用物理雕刻方法，通过计算机控制，在空白的敷铜板上把不必要的铜箔铣去，形成用户定制的印制电路板。用户只需在计算机上完成 PCB 文件设计并据其生成 G 代码加工文件后，通过通信接口传送给雕刻机的控制系统，雕刻机就能快速地自动完成雕刻、钻孔、切边的全部功能，制作出一块精美的印制电路板来，真正实现了低成本、高效率的自动化制板。印制电路板雕刻机操作简单，可靠性高，省时省料，经济环保，大大缩短了研发周期，是高校电子技术等相关专业实验室、电子产品研发企业及科研院所等单位的首选设备。

核心提示

制作一张印制电路板的过程，就是把敷铜板上多余的不必要的覆铜部分铣去。这一过程跟传统的雕刻过程相似，区别在于传统雕刻利用手工，雕刻机则利用数控原理让机器自动完成。

2. 从 PCB 图转化为雕刻机加工文件

（1）在 Protel 99 SE 中打开"单声道功率放大器.PCB"文件。

（2）执行菜单命令"File→CAM Manger..."，弹出 Output Wizard 对话框，如图 2-99 所示。

（3）在 Output Wizard 对话框中单击 Next 按钮，出现"导出数据格式"对话框，这里选择 Gerber 数据，如图 2-100 所示。

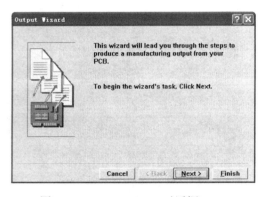

图 2-99　Output Wizard 对话框

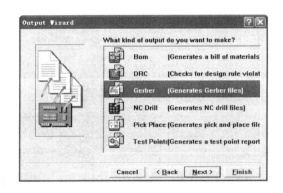

图 2-100　"导出数据格式"对话框

（4）单击 Next 按钮，出现如图 2-101 所示的"导出数据格式命名"对话框，此处选择默认选项即可。单击 Next 按钮，直至出现 Units（单位）和 Format（格式）选项，其中 Units 取 Inches（英寸）选项，Format 取 2：3 选项，如图 2-102 所示。

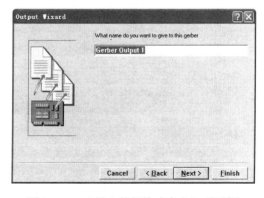

图 2-101　"导出数据格式命名"对话框

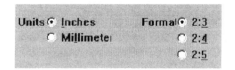

图 2-102　选择单位和格式

（5）单击 Next 按钮，出现"选择导出层"对话框，一般选择 TopLayer、BottomLayer 和 Keep Out Layer（禁止布线层），如图 2-103 所示。

（6）单击 Next 按钮，出现"选择产生钻孔说明层及钻孔制图层"对话框，如图 2-104 所示。这里两个复选框均选择。

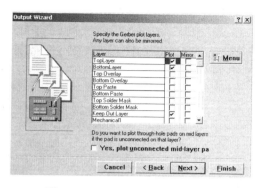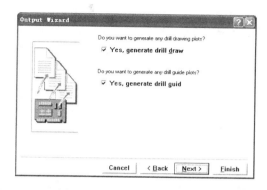

图 2-103　"选择导出层"对话框　　图 2-104　"选择产生钻孔说明层及钻孔制图层"对话框

（7）单击 Next 按钮，出现关于"钻孔信息"对话框，如图 2-105 所示。这里默认选择，一直单击 Next 按钮，直至完成。生成 Gerber 数据后，在窗口中显示导出的 Gerber Output 数据包，如图 2-106 所示。

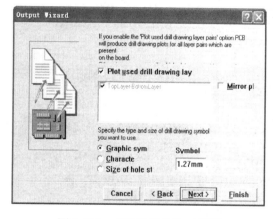

图 2-105　"钻孔信息"对话框

图 2-106　"Output Wizard 向导完成"对话框

3. 生成钻孔文件及 Gerber 数据导出

（1）在 CAM Outputs for 单声道功率放大器.cam 文件窗口的空白处右击，选择 Insert NC Drill 生成钻孔文件，如图 2-107 所示。

（2）弹出如图 2-108 所示的 NC Drill Setup（钻孔设置）对话框，要求设置 Gerber 格式报表使用的单位是英制或公制。此外，还需要设置 Gerber 数字格式的精确度，如果是英制有 2：3、2：4 或 2：5 三种选项，如果是公制有 4：2、4：3 或 4：4 三种选项。设置完毕，单击 OK 按钮。

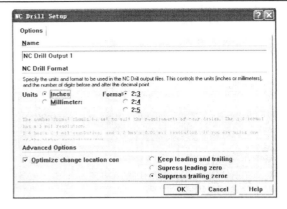

图 2-107　生成钻孔文件　　　　　　　　　　图 2-108　"钻孔设置"对话框

【知识链接】Gerber 数字格式精确度

对英制来说，如 2：3 格式表示使用 2 位整数 3 位小数的数字格式，范围为 00.000～99.999mil；对公制来说，如 4：2 格式表示使用 4 位整数 2 位小数的数字格式，范围为 0000.00～9999.99mm。

（3）在 CAM Outputs for 单声道功率放大器.cam 文件窗口的空白处右击，在窗口中选择 Generate CAM Files 生成各层的 Gerber 数据文件，这些文件位于"CAM for 单声道功率放大器"的文件夹中，如图 2-109 所示。

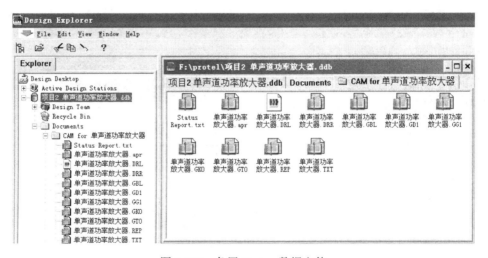

图 2-109　各层 Gerber 数据文件

（4）选中制作印制电路板所需的各层 Gerber 数据文件，右击或执行菜单命令"File→Export"，将文件导出到指定的文件夹中，准备 CAM 软件导入使用，如图 2-110 所示。当选定路径后单击"确定"按钮，完成从 PCB 图转化为雕刻机加工文件。

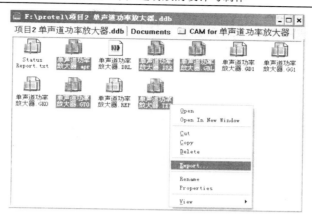

图 2-110　导出 Gerber 数据文件

【知识链接】Gerber 数据文件格式说明

.APR——绘图光圈表 Gerber；.GTL——顶层数据 Top Layer；*.GTS——顶层阻焊数据 Solder Mask Top；*.GBL——底层数据 Bottom Layer；*.GBS——底层阻焊数据 Solder Mask Bottom；*.GKO——边框层数据 Board Outline；*.DRR——NC Drill 钻孔刀具表；*.TXT——钻孔层数据。

4．雕刻机的操作

加工文件生成后，需要进一步调整机器，来加工所设计的印制电路板。

（1）固定印制电路板

确认雕刻机硬件与软件安装完成以后，选择一块比设计图形略大的敷铜板，将待雕刻的敷铜板一边紧靠雕刻机底面平台的底边放置，并均匀用力压紧压平，使用卡具压住敷铜板的四边后上紧。

（2）安装钻头

先选择一种规格的钻头（如不知道线路文件中孔的大小，可先选用 0.8mm 的钻头），使用钥匙将主轴下方的夹头松开，插入钻头后拧紧即可。

（3）开启电源

开启雕刻机，开始软件操作加工。

（4）冲定位孔

使用钻头沿线路文件的最大矩形外框的四个角各钻一个定位孔，用来精确定位印制电路板顶层和底层位置。同时，左下角的定位孔坐标默认为线路文件加工时的原点位置。

（5）试雕

在印制电路板加工中，默认刀尖刚接触到敷铜板平面时为坐标 Z 轴的零点，但由于板子难免有翘曲不平，所以要先试雕来保证线路各部分雕刻时刀尖都能刻到板子表面。

（6）印制电路板制作

打开"单声道功率放大器.PCB"文件，按前述方法生成加工文件夹并存放到桌面上。

当打开一个加工文件后，分别查看线路文件的底层、顶层和焊盘孔信息。转动鼠标滚轮，显示部分即可放大缩小，调整到所需的位置。

雕刻加工完的印制电路板如图 2-111 所示。

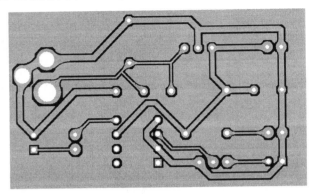

图 2-111　雕刻加工的单声道功率放大器印制电路板（底层）

 项目小结

本项目主要介绍了单声道功率放大器印制电路板的设计与制作过程，要求掌握以下主要内容：

（1）新建原理图元器件库编辑器，并创建一个新的原理图元器件。包括手工制作新元件、从已有的图库中用复制/粘贴/修改原来元件的方式制作新元件两种方法。

（2）熟悉各种原理图报表文件的生成及其作用。

（3）利用向导创建 PCB 文件，规划印制电路板的基本框架。

（4）元器件实际封装的制作方法。

（5）熟悉 PCB 的自动布局、布线及手工调整的方法。

（6）雕刻法制作单面板的相关操作。

本项目的重点为创建元器件符号和元器件封装的制作，难点为手工调整布局、布线的方法。通过本项目的学习能进一步总结提高印制电路板设计与制作的实际经验和水平，从而促进更好地学习其他项目。

 训练题目

1. 试建立 Mysch1.lib 元件库，从已有的库中复制下列元件，粘贴到 Mysch1.lib 元件库中，然后按图 2-112 所示重命名。

2. 制作原理图元器件符号 LCD，并保存在 Mysch2.lib 元件库中。有关液晶 LCD 的数据信息如下：

元器件名称为 LCD，元器件图如图 2-113 所示，元器件引脚属性如表 2-6 所示。

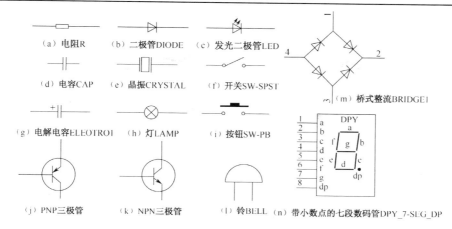

图 2-112　常用元器件

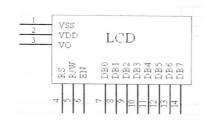

图 2-113　LCD 元器件图

表 2-6　LCD 引脚属性

引脚号码	引脚名称	引脚电气特性	引脚种类	引脚显示状态
1	VSS	Passive	30mil	显示
2	VDD	Passive	30mil	显示
3	VO	Passive	30mil	显示
4	RS	Input	30mil	显示
5	R/W	Input	30mil	显示
6	EN	Input	30mil	显示
7	DB0	IO	30mil	显示
8	DB1	IO	30mil	显示
9	DB2	IO	30mil	显示
10	DB3	IO	30mil	显示
11	DB4	IO	30mil	显示
12	DB5	IO	30mil	显示
13	DB6	IO	30mil	显示
14	DB7	IO	30mil	显示

注：元器件序号为 M?，元器件封装名称为 LCD/SIP14、LCD/IDC14

3．制作一个原理图元件有哪两种方法？二者的区别是什么？在 SchLib Drawing Tools 工具栏中，哪一个按钮绘制的图形具有电气特性？

4．新建一个原理图元器件库文件，命名为 Mysch3.lib。在 Mysch3.lib 库文件中建立如图 2-114 所示的新元件，元件封装名分别命名为"可控硅 SCR"和"三极管 VT"。

5．制作原理图元器件 AT89C2051，并保存在 Mysch4.lib 元件库中。有关 AT89C2051 的数据信息如下：

元器件名称为 AT89C2051，元器件图如图 2-115 所示，元器件引脚属性如表 2-7 所示。

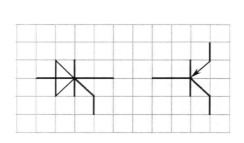

图 2-114　手工制作的新元件图　　　　　图 2-115　AT89C2051 元件图

表 2-7　AT89C2051 引脚属性

引脚名称	引脚序号	电气属性	其他
RST	1	Input	显示
P3.0(RXD)	2	IO	显示
P3.1(TXD)	3	IO	显示
XTAL2	4	Input	显示
XTAL1	5	Input	显示
P3.2(INT0)	6	IO	显示
P3.3(INT1)	7	IO	显示
P3.4(T0)	8	IO	显示
P3.5(T1)	9	IO	显示
GND	10	Power	显示
P3.7	11	IO	显示
P1.0(AIN0)	12	IO	显示
P1.1(AIN1)	13	IO	显示
P1.2	14	IO	显示
P1.3	15	IO	显示
P1.4	16	IO	显示
P1.5	17	IO	显示
P1.6	18	IO	显示
P1.7	19	IO	显示
VCC	20	POWER	隐藏

注：元器件序号为 U?，元器件封装名称为 DIP20。

6．SCH 元件库与 PCB 元件库有何区别？如何解决 Protel 中存在的引脚编号不一致的问题？

7．使用印制电路板生成向导创建一个边长为 1700mil 的正方形印制电路板，在印制电路板的四角开口，尺寸为 100mil×100mil，无内部开口，不显示标题栏，不显示图例字符，不显示刻度尺，显示印制电路板尺寸标注，双面板，过孔电镀，使用针脚式元件，元件引脚间允许一条导线穿过，最小走线宽度为 10mil，走线间距 15mil。加载 Advpcb.ddb 元件封装库，所使用的元件如表 2-8 所示。555 振荡器电路原理图和 PCB 图如图 2-116 所示。操作要求如下。

（1）电源、地和输出端采用接插件引出，并用网络标号标明。

（2）直接装载网络表和元件。

（3）使用分组式方法进行自动布局，并对布局进行手工调整。

（4）采用全局布线，规则设置为单面板底层布线。

（5）采用全局编辑，将信号线走线宽度设置为 15mil，电源和接地的走线宽度为 35mil。

（6）用雕刻机完成 555 振荡器印制电路板的加工制作。

表 2-8　振荡器电路元件属性列表

元件名称	元件标号	元件所属 Sch 库	元件封装	元件所属 PCB 库
RES1	R1、R2	Miscellaneous Device.ddb	AXIAL0.3	Advpcb.ddb
CAP	C1、C2	Miscellaneous Device.ddb	RAD0.1	Advpcb.ddb
555	U1	Protel　Dos Schematic Libraries.ddb	DIP8	Advpcb.ddb
CON3	J1	Miscellaneous Device.ddb	HDR1X3	Headers.ddb

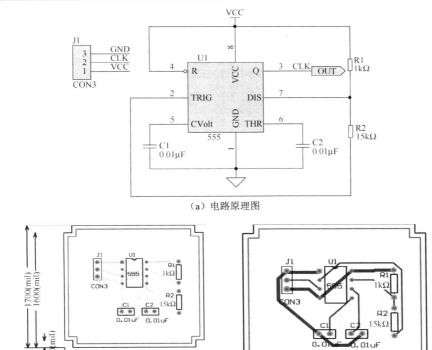

（a）电路原理图

（b）PCB 布局图（参考）　　　（c）PCB 图

图 2-116　振荡器原理图和 PCB 图

8．创建一个数据库，命名为"稳压电源.ddb"，在该数据库下进行+5V 直流稳压电源的设计。

（1）绘制原理图，如图 2-117（a）所示，元件属性如表 2-9 所示。

（2）单层印制电路板自动布线，如图 2-117（b）所示。其中变压器 T1、极性电容 C14 均无现成的封装，需自制封装，封装名分别为 BYQ、RB.1/.2。T1 轮廓为正方形，边长为 2000mil，矩形轮廓线宽 Width=8mil，T1 的 4 个焊盘参数一致为：X-SIZE=150mil ，Y-SIZE=80mil ，Hole-size =50mil，每两焊盘之间的距离为 100mil。C14 两个焊盘之间的距离为 100mil，外边圆弧的半径为 100mil，两个焊盘参数一致为：X-SIZE=Y-SIZE=50mil，Hole-size =25mil，1 引脚为正极。

规划印制电路板边框尺寸为 4100mil×2320mil，信号线宽 20mil，GND 网络线宽 40mil，补泪滴。

表 2-9　稳压电源元件属性列表

元件名称	元件所在库	元件序号	元件型号（值）	元件封装	所属 PCB 库
CAP	Miscellaneous Devices.ddb	C6、C7	104	RAD0.1	Advpcb.ddb
ELECTRO1	Miscellaneous Devices.ddb	C12	1000μF/25V	RB.2/.4	
DIODE	Miscellaneous Devices.ddb	D1～D4	1N4007	DIODE0.4	
CON2	Miscellaneous Devices.ddb	J1	CON2	SIP2	
FUSE1	Miscellaneous Devices.ddb	F1	FUSE1	FUSE	
VOLTREG	Miscellaneous Devices.ddb	U1	7805	TO220H	Transistors.ddb
TRANS1	Miscellaneous Devices.ddb	T1	TRANS1	TRAN（自制）	稳压电源.ddb （Mypcb.Lib）
ELECTRO1	Miscellaneous Devices.ddb	C14	470μF/16V	RB.1/.2（自制）	

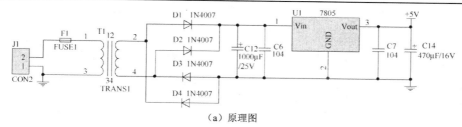

（a）原理图

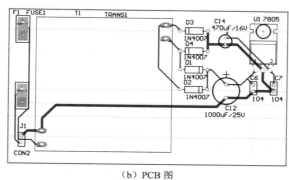

（b）PCB 图

图 2-117　稳压电源原理图和 PCB 图

9．创建一个数据库，命名为"逻辑笔.ddb"，在该数据库下进行逻辑笔的设计。

（1）画原理图，如图 2-118（a）所示，工作原理是低电平输入时显示"L"字形，高电平时显示"H"字形。电源、地和探头输入采用接插件引出，并用网络标号标明。为画图方便，数码管元件符号 DS1 需要重新制作，自制的 DS1 元件如图 2-118（b）所示。元件属性如表 2-10 所示。

（2）单层印制电路板自动布线，如图 2-118（c）所示。其中数码管 DS1 无现成的封装，需自制封装，封装名为 DSP。

规划印制电路板边框尺寸为 1940mil×1200mil，设置边框左下角为当前坐标原点，信号线宽 20mil，电源网络线宽 30mil，GND 网络线宽 40mil。

（3）用雕刻机完成逻辑笔印制电路板的加工制作。

表 2-10　逻辑笔元件属性列表

元件名称	元件所在库	元件序号	元件型号（值）	元件封装	所属 PCB 库
RES2	Miscellaneous Devices.ddb	R1、R2	10kΩ、4.7kΩ	AXIAL0.4	Advpcb.ddb
RES2	Miscellaneous Devices.ddb	R3、R4	100、220	AXIAL0.3	
CON2	Miscellaneous Devices. ddb	J1	CON2	SIP2	
DIODE	Sim.ddb/BJT.Lib	VT1	2N2222	TO-92B	
VOLTREG	Protel DOS Schematic 4000 CMOS.Lib	U1	4069	DIP14	
自制	逻辑笔.ddb（Mysch.Lib）	DS1	SM420501K	DSP（自制）	逻辑笔.ddb（Mypcb.Lib）

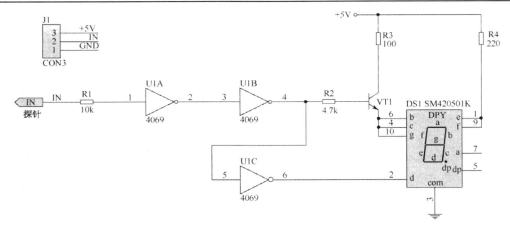

（a）原理图

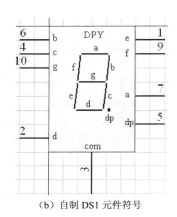

（b）自制 DS1 元件符号

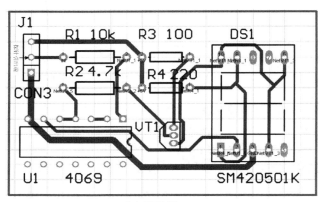

（c）PCB 图

图 2-118　逻辑笔原理图和 PCB 图

训练题目成绩评定表

训练题目	训练成绩			
	训练表现	训练过程	训练结果	评定等级
1				
2				
3				
4				
5				
6				
7				
8				
班级		学号		姓名		教师签名	

※评定等级分为优秀、良好、及格和不及格。

项目 3 单片机流水灯的设计与制作

 **项目剖析**

　　城市夜景中，变幻多姿的霓虹灯历来是一道亮丽的风景。利用单片机的自动控制功能，设计出相应不同的电路，可以实现彩灯不同模式的流水效果。单片机具有体积小、功能强、成本低、应用面广等优点，可以说，智能控制与自动控制的核心即是单片机。单片机的最明显的优势，就是可以嵌入到各种仪器和设备中。本项目中的流水灯电路采用双层 PCB，通过发光二极管作为发光器件，用单片机控制实现一个简易的花样流水灯设计。

　　本项目的核心内容是双面板的设计方法，并利用网络标号简化原理图设计。通过本项目的学习可使读者对实用印制电路板的设计技能起到提高作用，如果条件允许可以制作出实物进行焊接调试。

　　本项目由三个任务组成：

　　（1）任务 3.1 单片机流水灯的原理图；

　　（2）任务 3.2 单片机流水灯的 PCB 设计；

　　（3）任务 3.3 单片机电路双面印制电路板设计实战训练。

 教学要求

学习目标	任务分解	教学建议
（1）掌握实用印制电路板设计的基本方法	① 用网络标号设计电路原理图 ② 元件自动编号的全局修改 ③ 设置填充与敷铜 ④ 放置安装孔	① 学习资讯 通过查阅技术资料或网上查询，提供各种类型的印制电路板给学生观察，了解电子产品的设计方法 ② 学习方法 教学做一体化，以学生为主体
（2）掌握印制电路板有关设计技能	① 印制电路板布线流程 ② PCB 布线规则设置 ③ 设置印制电路板工作层面 ④ PCB 电路参数设置	③ 考核方式 按任务目标着重考核相关知识点 ④ 建议学时 6～8 学时

　　具体要求如下（包括各知识点分数比例）：

　　1．掌握印制电路板的基本概念及印制电路板设计的基本原则。（25 分）

　　2．学会 PCB 绘图工具和设计编辑器的使用方法。（35 分）

　　3．掌握印制电路板层及参数设置。（40 分）

任务 3.1 单片机流水灯的原理图

单片机流水灯电路原理图如图 3-1 所示，电路由电源模块电路、单片机控制模块电路和发光二极管显示模块电路构成，通过对单片机进行编程就可控制流水灯。单片机流水灯控制电路所需元件属性如表 3-1 所示。

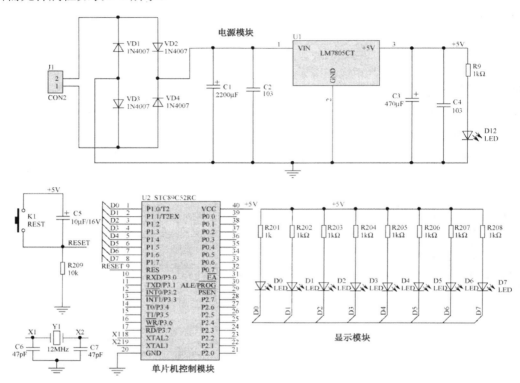

图 3-1 单片机流水灯电路原理图

表 3-1 单片机流水灯元件属性表

元件类别	元件标号	库元件名	元件所在库	元件封装
三端稳压块	U1	LM7805CT	Protel DOS Schematic Voltage Regulators.lib	TO-220
集成块	U2	STC89C52RC	自制	DIP40
电解电容	C1、C3、C5	ELECTRO1	Miscellaneous Devices.lib	RB.2/.4
电容	C2、C4、C6、C7	CAP	Miscellaneous Devices.lib	RAD0.1
电阻	R9、R201~R209	RES2	Miscellaneous Devices.lib	AXIAL0.4
二极管	VD1~VD4	DIODE	Miscellaneous Devices.lib	DIODE0.4
发光二极管	D0~D7	LED	Miscellaneous Devices.lib	自制
晶振	Y1	CRYSTAL	Miscellaneous Devices.lib	XTAL1
接插件	J1	CON2	Miscellaneous Devices.lib	SIP2
复位开关	K1	SW_PB	Miscellaneous Devices.lib	自制

3.1.1　网络标号的使用

如图 3-2 所示，执行菜单命令"Place→Net Label"（或者单击布线工具栏上的 Net 按钮），即可开始放置网络标号。此时鼠标光标会带有一个网络标号名称的虚线框，光标所指位置为网络标号的参考点，通过使用鼠标左键单击引脚的末端或与引脚相连的导线，即可将该网络标号与该引脚关联起来。按 Tab 键，可以打开如图 3-3 所示的"网络标号属性设置"对话框，在 Net 一栏中可以修改网络标号的名称，也可以用鼠标左键单击向下的箭头打开下拉列表选择已有的网络，如图 3-4 所示。

图 3-2　网络标号选择菜单命令　　　图 3-3　"网络标号属性设置"对话框

与具有相同名称的网络标号相关联的引脚或导线在电气上是连接在一起的，因此将名称相同的网络标号放置到总线两端对应引脚的入口处，即可赋予总线连接方式的电气连接特性，如图 3-5 所示。

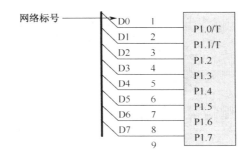

图 3-4　"网络标号选择"对话框　　　图 3-5　网络标号示意图

有相同名称的网络标号标识的导线或引脚在电气上都是相连的，并不局限于总线连接方式，因此在连线复杂或连线比较困难的地方都可以使用，从而简化电路连接。用网络标号标识导线连接如图 3-6 所示，用网络标号简化电路连接如图 3-7 所示。

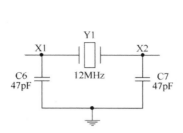

图 3-6　网络标号标识导线连接

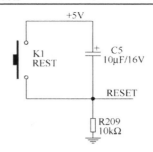

图 3-7　网络标号简化电路

3.1.2　元件的自动编号

在绘制原理图的过程中，如果没有对元件的序号进行设置，系统将采用默认设置为元件添加序号，通常在元件编号中会带有"？"号，如电阻为"R？"，电容为"C？"。若元件没有默认序号，则会使用前面一元件的序号作为当前元件的序号。在前面的项目中介绍了如何逐一对元件的序号进行修改，对于比较简单的原理图来说是可以采用的，但当电路比较复杂，元件数目很多时，逐个修改元件的编号就显得过于烦琐，而且可能会出现某些元件的序号重复，或某类元件的序号不连续等问题。针对这一点，Protel 99 SE 为用户提供了元件的自动编号功能，使用这一功能可以在放置完全部的元件后统一对元件进行编号，从而节省了绘图时间，又可以使元件的序号完整正确。

1．元件自动编号操作

以如图 3-8 所示的电阻阵列（所有电阻均为"R？"）的自动编号为例。执行菜单命令"Tools→Annotate"，如图 3-9 所示，此时会打开如图 3-10 所示的"自动编号设置"对话框，即可对原理图中的元件进行自动编号。

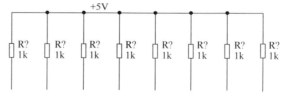

图 3-8　电阻阵列

通过对图 3-10 所示对话框的选项进行设置，可以实现多种形式的自动编号。

（1）单击 Annotate Options（重新编号范围）下拉按钮，选择参与重新编号的元件。

① All Parts：对所有元件重新编号。

② ? Parts：仅对序号为"U？"、"C？"、"R？"等元件重新编号。本例选择此项。

③ Reset Designators：将所有元件的序号还原为"U？"、"C？"、"R？"形式。

（2）必要时，选择 Group Parts Together If Match By（满足下列条件的元件组）区域内相应的选项，将满足特定条件的元件组视为同一元件。例如，当选择 Part Type 选项时，则集成电路芯片中的各单元电路（复合元件）被视为同一器件，并用 U1A、U1B、U1C 等作为这类器件的编号。

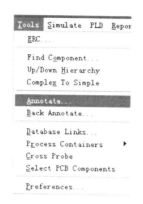
图 3-9 　元件自动编号菜单命令

图 3-10 　"自动编号设置"对话框

单击 OK 按钮就可以实现元器件的自动编号。自动编号后的电阻阵列如图 3-11 所示（所有电阻"R?"中的"?"自动排列为数字编号"1~8"）。

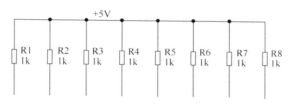
图 3-11 　电阻阵列自动编号图

2．以核心元件为中心的自动编号

如果需要对如图 3-1 所示的电路模块中的元件编号进行修改，希望电阻、电容、发光二极管等分立元件的编号以核心元件 U2 为基准进行编号，即将其编号修改为"R2××"、"D2××"等样式的形式，这样当看到编号以"2"开头的元件时就能够很快地知道它是在 U2 周围的元件，从而极大地方便了对元件的管理。

仍以电阻元件为例具体操作方法如下。

（1）用鼠标左键双击一个电阻元件，打开其属性对话框。

（2）单击右下角的 Global 按钮，打开"全局编辑"对话框，如图 3-12 所示。在 Attributes To Match By（匹配属性）区域的 Lib Ref 文本框中输入"RES2"，同时将 Selection 选项设为 Same，表示对所有选中的 Lib Ref 为 RES2 的电阻元件进行修改，然后在 Copy Attributes（复制属性）选项组中将 Designator 改为"R20?"，表示电阻元件的编号都以"20"开头，单击 OK 按钮，弹出如图 3-13 所示的"自动编号确认"对话框，单击 Yes 按钮确认，则所有电阻的编号都变成了"R20?"。

（3）执行菜单命令"Tools→Annotate"，所有"R20?"中的"?"由自动编号功能进行设置。这样电阻阵列的编号就变成了"R201~R208"，如图 3-14 所示。

（4）对电容元件和发光二极管等元件也可以做类似的调整，调整后的电路如图 3-15 所示。

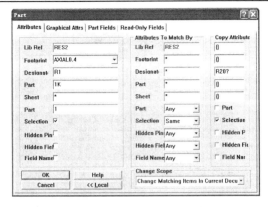

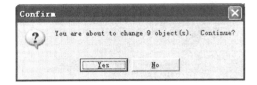

图 3-12　"全局编辑"对话框　　　　　　　　图 3-13　"自动编号确认"对话框

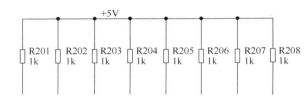

图 3-14　调整后的电阻阵列自动编号

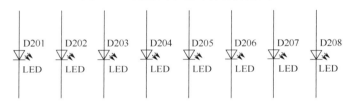

图 3-15　调整后的发光二极管自动编号

任务 3.2　单片机流水灯的 PCB 设计

3.2.1　准备工作

准备工作包括准备元件库和原理图。"工欲善其事，必先利其器"，在进行 PCB 设计之前，首先要准备好原理图 SCH 的元件库和 PCB 的元件封装库。元件封装库可以用 Protel 自带的库，但在实际情况下有的元件很难找到合适的，最好是自己根据所选器件的标准尺寸资料自己做元件封装。原则上先做 PCB 的元件库，再做 SCH 的元件库。PCB 的元件封装库要求较高，它直接影响板子的安装；SCH 的元件库要求相对比较松，只要注意定义好引脚属性与 PCB 元件的对应关系就行。印制电路板设计流程如图 3-16 所示。

印制电路板设计步骤的具体要求如下：

（1）绘制电路图，主要是原理图和网络表。

（2）规划印制电路板大小尺寸、层数、元件封装等。

（3）设置元件布置参数、层参数、布线参数等。

（4）装载元件封装库和网络表。

（5）可以先自动，后手动。

（6）一般选择自动布线。

（7）后期一些不满意的地方可以稍做调整。

（8）打印输出。

本任务主要讲述单片机流水灯的 PCB 设计，在设计印制电路板（PCB）前，要进行一些前期准备工作。

（1）建立文件"单片机流水灯.PCB"。

对原理图文件"单片机流水灯.SCH"文件进行电气规则检查，可执行菜单命令"Tools→ERC"，查看错误信息并修改原理图，直至正确为止。

（2）新建 PCB 库，设库名为"Mypcb.Lib"。在该库中自制以下元件封装。

① 自制复位按钮的封装 SW-PB，焊盘间距尺寸为 7.5mm ×4.4mm，如图 3-17 所示。

② 自制发光二极管的封装 LED，如图 3-18 所示。

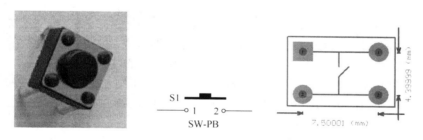

图 3-17　按钮开关实物图、元件图与封装图

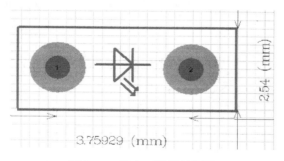

图 3-18　发光二极管封装图

（3）根据表 3-1 中的元件封装，重新设置好各元件的封装名称。

（4）在原理图编辑器下，执行菜单命令"Design→Create Netlist"，用来生成网络表文件，命名为"单片机流水灯.Net"。依据电路原理图而生成的网络表，是实现印制电路板自动布局和自动布线的基础。

3.2.2　设计 PCB 时应考虑的因素

根据已经确定的印制电路板尺寸和各项机械定位，在 PCB 设计环境下绘制 PCB 板面，并按定位要求放置所需的接插件、按键/开关、螺丝孔、装配孔等。并充分考虑和确定布线区域和非布线区域（如螺丝孔周围多大范围属于非布线区域）。首先，我们来认识一下印制电路板的结构。

1．印制电路板的结构

（1）单面板：印制电路板一面敷铜，另一面没有敷铜，敷铜的一面用来布线及焊接，另一面放置元件。单面板成本低，但只适用于比较简单的电路设计。

（2）双面板：印制电路板的两面都敷铜，所以两面都可以布线和放置元件，顶面和底面之间的电气连接是靠过孔实现的。由于两面都可以布线，所以双面板适合设计比较复杂的电路，应用也最为广泛。

（3）多层板：不但可以在印制电路板的顶层和底层布线，还可以在顶层和底层之间设置多个可以布线的中间工作层面。用多层板可以设计更加复杂的电路。

2．规划印制电路板

在绘制印制电路板之前，用户要对印制电路板有一个初步的规划，比如电路板采用多大的物理尺寸，采用几层印制电路板，是单面板还是双面板，各元件采用何种封装形式及安装位置等。这是一项极其重要的工作，是确定印制电路板设计的框架。

对于要设计的电子产品，需要设计人员首先确定其印制电路板的尺寸。因此首先的工作就是印制电路板的规划，也就是说印制电路板物理边界的确定，并且确定印制电路板的电气边界。

在执行 PCB 布局处理前，必须创建一个 PCB 的电气边界。电气边界规定了涉及元件的生成和 PCB 的跟踪路径轮廓，PCB 的布局将在这个轮廓中进行，规划 PCB 边界有两种方法：一种是手动设计规划印制电路板和电气定义，另一种方法是利用 Protel 的向导。

3．手动规划印制电路板

元件布置和路径安排的外层限制一般由 Keep Out Layer 中放置的轨迹线或圆弧所确定，这也就确定了板的电气轮廓。一般的这个外层轮廓边界就是与板的物理边界相同，设置这个印制电路板边界时，必须确保轨迹线和元件不会距离边界太近。

印制电路板规划并定义电气边界的一般步骤如下。

（1）单击编辑区下方的印制电路板层切换界面标签 KeepOutLayer，即可将该层设置为 Keep OutLayer，如图 3-19 所示。该层为禁止布线层，一般用于设置印制电路板的板边界，将元件限制这个范围内。

图 3-19　印制电路板层切换界面

（2）执行菜单命令"Place→Keepout/Track"或单击 Placement Tools 工具栏中的 ≋ 图标。

（3）执行命令后，光标会变成十字。将光标移动到初始原点的位置，单击鼠标左键，即可确定第一条板边的起点。然后拖动鼠标，将光标移到合适位置，单击鼠标左键，即可确定第一条板边的终点。用户在该命令下，按 Tab 键，可进入 Line Constraints 属性对话框如图 3-20 所示，此时可以设置板边的线宽和层面。

（4）如果用户已经绘制了封闭的 PCB 的限制区域，则使用鼠标双击区域的板边，系统将会弹出 Track 属性对话框如图 3-21 所示，在该对话框中可以很精确地进行定位，并且可以设置工作层和线宽。

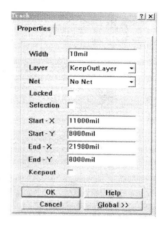

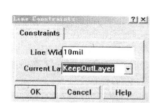

图 3-20　Line Constraints 属性对话框　　　图 3-21　Track 属性对话框

（5）用同样的方法绘制其他三条板边，并对各边进行精确编辑，使之首尾相接如图 3-22 所示。

图 3-22　印制电路板边界规划

核心提示

在设置布线区时，尺寸可以适当大一些，以方便手工调整元件布局操作，待完成了元件布局操作后，再根据印制电路板标准尺寸系列，确定布线区的最终尺寸和形状。

4．元件封装库的装入

印制电路板规划好后，接下来的任务就是装入网络表和元件封装。在装入网络表和元件封装之前，必须装入所需的元件封装库。如果没有装入所需的元件封装库，在装入网络表及元件的过程中程序会提示找不到元件封装，从而导致装入过程出错而失败。

装入元件封装库的基本步骤如下。

（1）执行菜单命令"Design→Add/Remove Library"，系统弹出 PCB Libraries 对话框如图 3-23 所示。在该对话框中，找出原理图中的所有元件所对应的元件封装库。选中这些库，单击 Add 按钮，即可添加这些元件库，制作 PCB 时常用的封装库有：Advpcb.ddb、DC to DC.ddb、General IC. ddb 等。

（2）添加完所有需要的元件封装库，单击 OK 按钮。

图 3-23　添加 PCB 库文件

3.2.3　网络表与元件的装入

装入元件库后，就可以装入网络表和元件了。网络表和元件的装入过程实际上是将原理图设计的数据装入印制电路板设计系统的过程。PCB 设计系统中的数据的所有变化，都可以通过网络宏来完成。通过分析网络文件和 PCB 系统内部的数据，可以自动生成网络宏。

如果用户是第一次装入网络表文件，则网络宏是为整个网络表文件生成的。如果用户不是首次装入网络表文件，而是在原有网络表的基础上进行的修改、添加，则网络宏仅是针对修改、添加的那一部分设计而言的。用户可以通过修改、添加或删除网络宏来更改原先的设计。

如果确定所需的元件封装库已经装入程序，那么用户就可以按照下面的步骤将网络表与元件载入。

（1）执行菜单命令"Design→Load Nets"，弹出如图 3-24 所示的对话框。

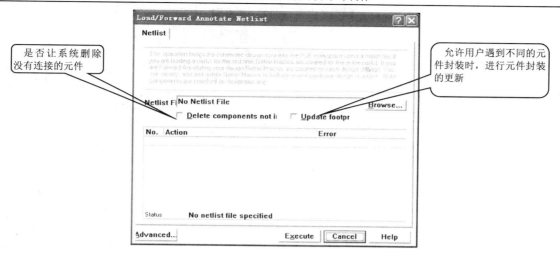

图 3-24　"装入网络表"对话框

装入元件库后就可以导入网络表了。当载入网络表并执行宏指令后，这些元件及网络将放入工作区，成为内部的图件，从而受内部网络编辑器的管理。另外，在工作区里自行放置的元件，其中并没有网络定义的，也可以利用内部网络编辑器为它们挂上网络。

（2）单击 Browse 按钮查找网络表的位置。"选择网络表及文件"对话框如图 3-25 所示。

图 3-25　"选择网络表及文件"对话框

如果没有设定封装形式，或者封装形式不匹配，则在装入网络表时，会在列表框中显示某些错误，这样将不能正确加载这些元件。用户返回原理图，修改元件的封装，然后再重新生成网络表，对原来的网络表进行更新，"更新记录"对话框如图 3-26 所示。

（3）最后单击 Execute（执行）按钮，即可实现网络表的装入。载入元件及网络表结果如图 3-27 所示。

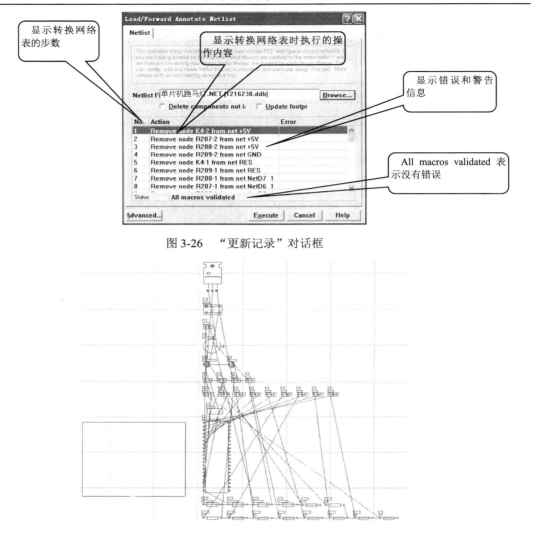

图 3-26　"更新记录"对话框

图 3-27　载入元件及网络表

3.2.4　元件布局

元件布局要保证满足电路功能和性能指标；满足工艺性、检测、维修等方面的要求；元器件排列整齐、疏密得当，兼顾美观性。排列方位尽可能与原理图一致，布线方向最好与电路图走线方向一致；PCB 四周留有 5～10mm 空隙不布器件；一般布局时先放置占用面积较大的元器件；先集成后分立；先主后次，多块集成电路时先放置主电路。质量超过15g 的元器件应当用支架，大功率器件最好装在整机的机箱底板上，热敏元件应远离发热元件；对于管状元器件一般采用平放。

1．元件的自动布局

在装入网络表和元件封装后，要把元件封装放入工作区，这就需要对元件封装进行布局。

Protel 99 SE 提供了强大的元件自动布局的功能，可以通过程序算法自动将元件分开，放置在规划好的印制电路板电气范围内。

　　元件自动布局的实现方法可以通过执行菜单命令"Tools→Auto Placement/Auto Placer…"，出现如图 3-28 所示的对话框。

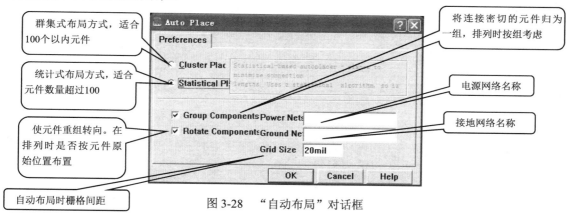

图 3-28　"自动布局"对话框

　　"自动布局"对话框中各选项的含义如下。

　　① Group Components：将当前网络中连接密切的元件归为一组。排列时该组的元件将作为整体考虑，默认状态为选中。如果印制电路板上没有足够的面积，建议不要选择该项。

　　② Rotate Components：根据布局需旋转元件或元件组。若未选中该选项则元件将按原始位置放置。默认状态为选中。

　　③ Power Nets：电源网络名称。这里将网络设定为"VCC"。

　　④ Ground Nets：接地网络名称。这里将接地网络设定为"GND"。

　　⑤ Grid Size：设置元件自动布局时栅格点的间距大小。

　　采用统计式自动布局过程中，要进行大量而复杂的计算，耗时从几秒到几十分钟不等，需耐心等待，不要强行关闭布局状态窗口，终止自动布局过程。

　　自动布局效果图如图 3-29 所示。

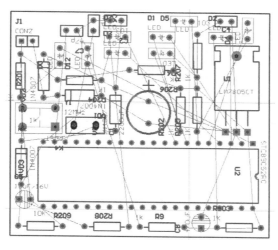

图 3-29　自动布局效果图

2. 手工编辑调整元件的布局

计算机自动布局完成后，总是有的地方元件排列不够合理，显得杂乱无章，存在飞线交叉、元件摆放不整齐的现象，所以必须再进行一定程度的手工调整布局。手工调整元件布局效果图如图 3-30 所示。

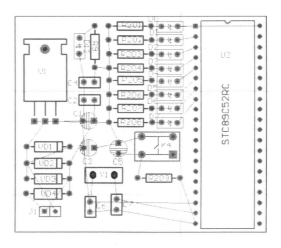

图 3-30　手工调整元件布局效果图

3.2.5　常用自动布线规则设置

在印制电路板布局结束后，便进入印制电路板的布线过程。一般来说，用户先是对印制电路板布线提出某些要求，然后按照这些要求来预置布线设计规则。预置布线设计规则的设置是否合理将直接影响布线的质量和成功率。设置完布线规则后，程序将依据这些规则进行自动布线。因此，自动布线之前，首先要进行参数设置。

1. 自动布线设计规则的设定

（1）布线基本知识

下面将结合本项目单片机流水灯的设计与制作实例，讲述一下布线的基本知识。

① 工作层。

➢ 信号层（Signal Layer）。对于双面板而言，信号层必须要求有两个，即顶层（Top Layer）和底层（Bottom Layer），这两个工作层必须设置为打开状态，而信号层的其他层面均可以处于关闭状态。

➢ 丝印层（Silkscreen）。对于双面板而言，只需打开顶层丝印层。

➢ 其他层面（Others）。根据实际需要，还需要打开禁止布线层（Keep Out Layer）和多层（Multi Layer），它们主要用于放置印制电路板板框和文字标注等。

② 布线规则。

➢ 安全间距允许值（Clearance Constraint）。在布线之前，需要定义同一个层面上两个图元之间所允许的最小间距，即安全间距。根据经验并结合本项目的具体情况，可以设置为 10mil。

> ➤ 布线拐角模式。根据印制电路板的需要，将印制电路板上的布线拐角模式设置为45°角模式。

> ➤ 布线层的确定。对于双面板而言，一般顶层布线方向与底层布线方向互为垂直。

> ➤ 布线优先级（Routing Priority）。在这里布线优先级设置为 2。

> ➤ 布线的拓扑结构（Routing Topology）。一般来说，确定一条网络的走线方式以布线的总线长为最短作为设计原则。

> ➤ 过孔的类型（Routing Via Style）。电源/接地线及信号线的过孔应区别对待，在这里设置为通孔（Through Hole）。对电源/接地线的过孔要求的孔径参数为：孔径（Hole Size）为20mil，宽度（Width）为50mil。一般信号类型的过孔则为孔径20mil，宽度40mil。

> ➤ 对走线宽度的要求。根据电路的抗干扰性和实际的电流大小，将电源和接地的线宽确定为20mil，其他的走线宽度为10mil。

（2）工作层的设置

进行布线前，还应该设置工作层，以便在布线时可以合理安排线路的布局。工作层的设置步骤如下。

① 执行菜单命令"Design→Options"，系统将会弹出"设置工作层"对话框，如图 3-31 所示。

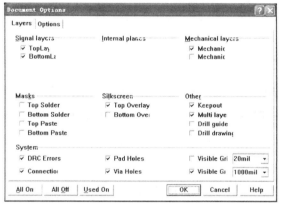

图 3-31　"设置工作层"对话框

② 在对话框中进行工作层的设置，双面板需要选中信号层的 Top Layer 和 Bottom Layer 复选框，其他选择系统默认值即可。

2．设置自动布线规则

Protel 99 SE 为用户提供了自动布线的功能，可以用来进行自动布线。在自动布线之前，必须先进行其参数的设置，下面讲述自动布线规则的设置过程。

首先执行菜单命令"Design→Rules…"，系统将会弹出如图 3-32 所示的对话框，在此对话框中可以设置布线规则。打开图 3-32 中的 Routing 选项卡，即可进行布线规则参数的设定。布线规则一般都集中在"规则类"（Rule Classes）区域中，在该区域中可以设置走线最小间距约束（Clearance Constraint）、布线拐角模式（Routing Corners）、布线工作层（Routing Layers）、布线优先级（Routing Priority）、布线的拓扑结构（Routing Topology）、过孔的类型（Routing Via Style）、走线拐弯处与磁敏二极管的距离（SMD To Corner Constraint）、走线宽度（Width Constraint）等参数。

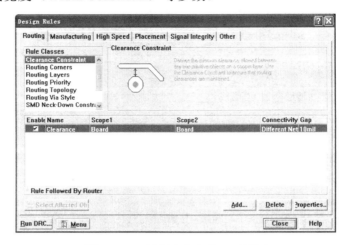

图 3-32　"设置布线参数"对话框

（1）设置走线最小间距约束（Clearance Constraint）

Add...
Delete
Properties...

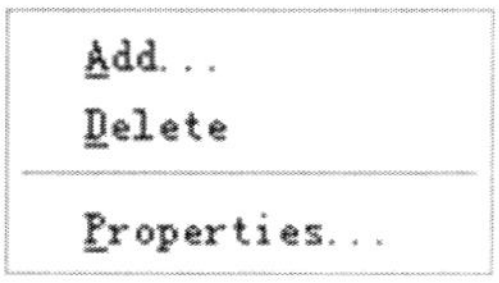

图 3-33　快捷菜单

该选项用于设置走线与其他对象之间的最小距离。将光标移动到图 3-32 中的 Clearance Constraint 处单击鼠标右键，系统会弹出如图 3-33 所示的快捷菜单，从快捷菜单中选择 Add，即可进入"安全间距设置"对话框，如图 3-34 所示。单击图 3-32 中的 Properties（特性）按钮或者直接双击 Clearance Constraint 选项，系统也可以弹出"安全间距设置"对话框。

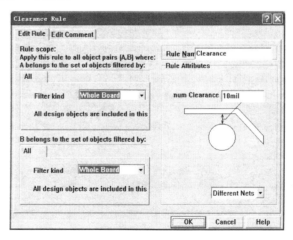

图 3-34　"安全间距设置"对话框

"安全间距设置"对话框主要有两部分内容。

① 规则范围（Rule Scope）。主要用于指定本规则适用的范围。一般情况下，指定该规则适用于整个印制电路板（Whole Board）。

② 规则属性（Rule Attributes）。用户可以根据实际的情况输入允许的图元之间的最小间距。

（2）设置布线拐角模式（Routing Corners）

该选项用来设置走线拐弯的样式。双击 Routing Corners 选项，系统将弹出如图 3-35 所示的对话框。单击图 3-35 中的 Properties（特性）按钮，在弹出的拐角模式设置对话框中，规则属性（Rule Attributes）用于设定拐角模式，拐角模式有 45°、90° 和圆弧三种。一般系统默认的 45° 拐角模式最为常用，因为这种拐角模式拐角处电阻小，布线密度较大。

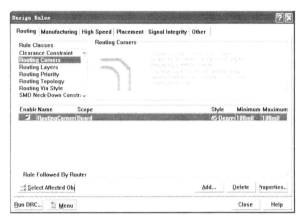

图 3-35　"布线拐角模式"对话框

（3）设置布线工作层及走线方向（Routing Layers）

该选项用来设置在自动布线过程中哪些信号层可以使用。双击 Routing Layers 选项，系统将会弹出如图 3-36 所示的"布线工作层"对话框。

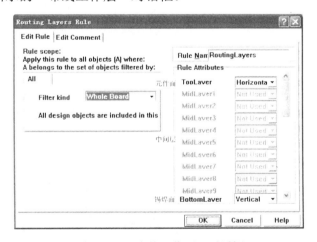

图 3-36　"布线工作层"对话框

默认状态下，仅允许在顶层（Top Layer）和底层（Bottom Layer）布线，而中间层 1～14 处于关闭状态（Not Used）。

单击工作层右侧下拉按钮，即可选择该层走线方向。

① Horizontal：水平方向。

② Vertical：垂直方向。

③ Any：任意方向（水平、垂直、斜45°等均可）。

而当工作层走线方向设为"Not Used"时，表示不在该层走线。一般双面板两层选择水平或垂直走线，这样上下两层信号耦合最小，有利于提高系统的抗干扰能力。

【工程经验】双面板的走线方向

对于双面板来说，底层（焊锡面）上的走线方向最好与集成电路芯片排列方向一致，这样焊锡面上的连线不会穿越集成电路芯片引脚焊盘；上下两层信号线尽量垂直走线，因此顶层（元件面）上的走线方向与集成电路芯片成90°。

（4）设置布线优先级（Routing Priority）

该选项可以设置布线的优先级，即布线的先后顺序。先布线的网络的优先级比后布线的网络的优先级要高。Protel 提供了0～100的优先级，数字 0 代表的优先级最低，数字 100 代表该网络的布线优先级最高。双击 Routing Priority 选项，系统将会弹出如图 3-37 所示的"布线优先级"对话框。用户也可以将光标移动到 Routing Priority 处单击鼠标右键，然后选择快捷菜单中的 Properties 选项，进入"布线优先级"对话框。

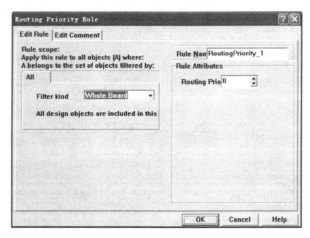

图 3-37　"布线优先级"对话框

（5）设置布线拓扑结构（Routing Topology）

该选项用来设置布线的拓扑结构。双击该选项后，系统将会弹出如图 3-38 所示的"布线拓扑结构"对话框。通常系统在自动布线时，以整个布线的线长最短为目标。用户也可以选择 Horizontal、Vertical、Daisy→Simple、Diasy→Middriven、Diasy→Balanced 和 Starburst 等拓扑选项，选中各选项时，相应的拓扑结构会显示在对话框中。本项目使用默认值 Shortest。

（6）设置过孔的类型（Routing Via Style）

该选项用来设置自动布线过程中使用的过孔的样式。双击 Routing Via Style 选项，系统将会弹出如图 3-39 所示的"过孔类型"对话框。用户也可以将光标移动到 Routing Via Style 处单击鼠标右键，然后选择快捷菜单中的 Properties，进入"过孔类型"对话框。

通常过孔类型包括通孔（Through Hole）、层附近隐藏式盲孔（Blind Buried [Adjacent Layer]）和任何层对的隐藏式盲孔（Blind Buried [Any Layer Pair]）。层附近隐藏式盲孔指

的是只穿透相邻的两个工作层；任何层对的隐藏式盲孔指可以穿透指定工作层对之间的任何工作层。本项目选择通孔（Through Hole）。

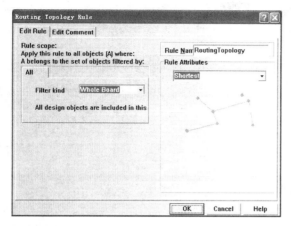

图 3-38　"布线拓扑结构"对话框

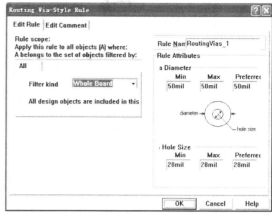

图 3-39　"过孔类型"对话框

（7）走线拐弯处与磁敏二极管的距离（SMD To Corner Constraint）

该选项用来设置走线拐弯处与磁敏二极管的距离。因为磁敏二极管对周围的磁场比较敏感，而高频工作时的走线拐弯处容易辐射电磁波，因此，如果印制电路板上放置了磁敏二极管，则应保证其与走线拐角具有一定的距离。双击该选项后，系统将会弹出如图 3-40 所示的"走线拐弯处与磁敏二极管的距离"对话框。

在该对话框右侧的 Distance 编辑框中可以输入走线拐弯处与磁敏二极管的距离，另外规则的适用范围可以设定为 Whole Board。

（8）设置走线宽度（Width Constraint）

该选项可以设置走线的最大和最小宽度。双击该选项，系统将会弹出如图 3-41 所示的"走线宽度"对话框。

用户可以分别在 Minimum Width 编辑框中设置最小走线宽度，在 Maximum Width 编辑框中设置最大走线宽度，本项目分别设定为 10mil 和 20mil。

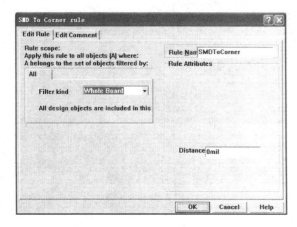

图 3-40　"走线拐弯处与磁敏二极管的距离"对话框

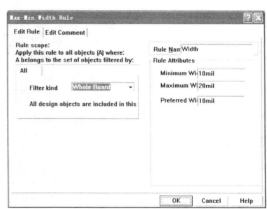

图 3-41　"走线宽度"对话框

【工程经验】走线宽度的选择

线宽选择依据是流过导线的电流大小、布线密度及印制电路板生产工艺，在安全间距许可的情况下，导线宽度越大越好。最小、最大线宽均默认为 10 mil，这对于数字集成电路系统非常合理。

对于引脚间距为 100 mil 的 DIP 封装集成电路芯片，为了能够在集成电路引脚焊盘间走线，当焊盘为 50mil 时，线宽取 10～20mil（安全间距为 15～20mil）。当采用引脚间距更小的集成芯片，如引脚间距为 50mil 的 SOJ、SOL 封装电路芯片时，最小线宽可以减到 6～8mil。但对于以分立元件为主的电路系统中，布线宽度可以取大一些，如 30～100mil 等。

3．本项目中布线设计规则设置的主要内容

（1）安全间距规则设置：10mil，适用于全部对象。
（2）短路约束规则：不允许短路。
（3）导线宽度限制规则：GND 的线宽为 30mil，+5V 的线宽为 25mil，其他信号线的线宽为 20mil，优先级依次降低。
（4）布线层规则：双层布线，顶层水平布线，底层垂直布线。
（5）布线转角规则：45°拐弯。
（6）其他规则选择默认。

3.2.6　自动布线及手工调整

布线规则设置好后，即可利用 Protel 99 SE 的布线器进行自动布线。

1．全局布线

（1）首先执行菜单命令"Auto Route →All"，对整个印制电路板进行布线。
（2）执行该命令后，系统将弹出如图 3-42 所示的"自动布线设置"对话框。

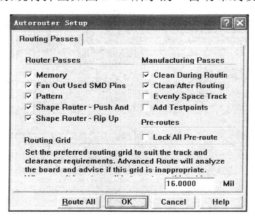

图 3-42　"自动布线设置"对话框

通常，采用对话框中的默认设置，就可以实现 PCB 的自动布线，但是用户也可以设置某

些选项，例如，可以分别设置 Router Passes（可走线通过）选项和 Manufacturing Passes（可制造通过）选项。如果用户需要设置测试点，可以选中 Add Testpoints（添加测试点）复选框；如果用户已经手动实现了一部分布线，而且不想让自动布线处理这部分布线的话，可以选中 Lock All Pre-Route（锁定所有预拉线）复选框。在 Routing Grid（布线间距）编辑框中可以设置布线间距，如果设置不合理，系统会分析是否合理，并通知设计者。

（3）单击 Route All 按钮，系统就开始对印制电路板进行自动布线。本项目采用顶层（Top Layer）水平布线，底层（Bottom Layer）垂直布线。完成后的布线结果如图 3-43 所示。

最后系统弹出一个"布线信息"对话框，如图 3-44 所示。用户可以了解到布线的情况是：布通率为 100%，布线 58 条，剩余未布导线数为 0。

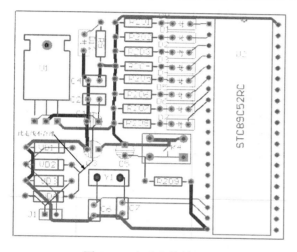

图 3-43　自动布线效果

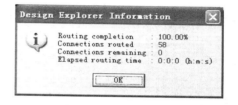

图 3-44　"布线信息"对话框

2. 手工调整布线

虽然自动布线速度很快，且布通率高，但效果却不一定理想，一般都需要进行手工修改。调整布线常常需要拆除以前的布线，PCB 编辑器中提供了自动拆线功能和撤销功能，当设计者对自动布线的结果不满意时，可以使用该工具拆除印制电路板图上的铜膜线而只剩下网络飞线。

（1）撤销操作

如果布线后发现异常或者因为布局不合理等原因而需要重新布线，此时可以撤销原来的布线。执行菜单命令"Tools→Un-Route/All"，即可撤销原布线操作，拆除所有连线。

（2）自动拆线

自动拆线的菜单命令在"Tools→Un-Route"的子菜单中，可以针对全部对象、网络、连接、元件、Room 空间拆除与元件连接的铜膜线。包括"Un-Route/All"（拆除所有连线）、"Un-Route/Net"（拆除某一网络的所有连线）、"Un-Route/Connection"（拆除连接于两个焊盘之间的一条印制导线）、"Un-Route/Component"（拆除与某一元件相连的多条连线）。

例如，图 3-45（a）中的高亮线（NetVD4-2 网络），走线不合理，完全可以在顶层布线。拆除此网络走线，手动修改使其在顶层布线，修改后的结果如图 3-45（b）所示。自动布线后的手工调整是一项关键工作，直接影响到印制电路板的性能。手工布线调整后的流水灯 PCB 如图 3-46 所示。

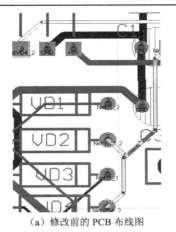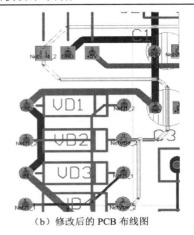

（a）修改前的 PCB 布线图　　　　　　　（b）修改后的 PCB 布线图

图 3-45　手工调整布线

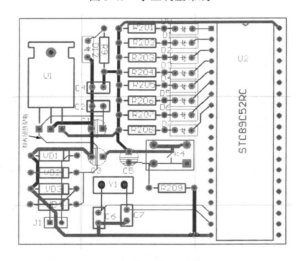

图 3-46　手工布线调整后的流水灯 PCB

3.2.7　PCB 的完善处理

1．放置填充区

有时为了减少接地电阻，改善散热条件，需要在 TO-220 等封装的功率元件四周放置填充区。放置矩形填充的操作步骤如下。

（1）执行菜单命令"Place→Fill"或者单击放置工具栏中的▢按钮，光标变为十字形。

（2）将光标移到放置矩形填充的位置，单击鼠标左键，确定矩形填充的第一个顶点，然后拖动鼠标，拉出一个矩形区域，再单击鼠标左键，完成一个矩形填充的放置。

（3）此时可继续放置矩形填充，或单击鼠标右键，结束命令状态。

在放置矩形填充的过程中，按下 Tab 键，弹出矩形填充的属性对话框，主要的参数设置有 Layer（矩形填充所在的层）和 Net（矩形填充所属于的网络）。

2．放置敷铜区

数字电路、高频电路、单片机电路在设计印制电路板时，为使系统工作更加稳定，除了合理布局外，常用的方法是大面积敷铜，敷铜一般接地。有时为了提高抗干扰能力，也会在时钟电路下方放置一敷铜区或用矩形导线工具绘制一个封闭的矩形框，防止自动布线时在该区域走线。

敷铜的操作步骤：

（1）执行菜单命令"Place→Polygon Plane..."或者单击放置工具栏中的 ◻ 按钮。

（2）弹出"敷铜的属性设置"对话框，如图 3-47 所示。在对话框中设置有关参数后，单击 OK 按钮，光标变成十字形，进入放置敷铜状态。

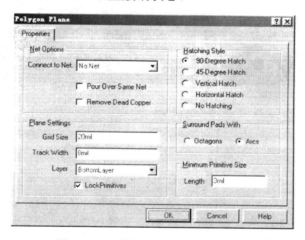

图 3-47　"敷铜的属性设置"对话框

在图 3-47 的"敷铜的属性设置"对话框中，常用的有以下几个选项。

① Connect to Net：在其下拉列表框中选择所隶属的网络名称。

② Pour Over Same Net 复选框：该项有效时，在填充时遇到该连接的网络就直接覆盖。

③ Remove Dead Copper 复选框：该项有效时，如果遇到死铜的情况，就将其删除。已经设置与某个网络相连，而实际上没有与该网络相连的多边形平面填充称为死铜。

④ Grid Size：设置敷铜的栅格间距。

⑤ Track Width：设置敷铜的线宽。

⑥ Layer：设置敷铜所在的层。

由于 Track Width 和 Grid Size 的数据设置不同，敷铜一般有两种基本的方式，就是大面积的敷铜和网格敷铜。大面积敷铜具有加大电流和屏蔽双重作用，单纯的网格敷铜主要还是起屏蔽作用，加大电流的作用被降低了，从散热的角度来说，网格有好处，它降低了铜的受热面，又起到了一定的电磁屏蔽的作用。

在 Hatching Style（敷铜区细线段形状）区域内，单击所需的细线段形状，确定敷铜区内部细线条的形状，可选择的线条形状有小方格、斜 45°小方格（菱形）、水平线条、垂直线条、没有细线等，如图 3-48 所示。

（3）在敷铜的每个拐点处单击鼠标左键，最后单击右键，系统自动将多边形的起点和终点连接起来，构成多边形平面并完成填充。

印制电路板顶层和底层敷铜效果如图 3-49 所示。

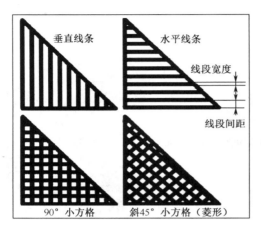

图 3-48　敷铜区内线段形状

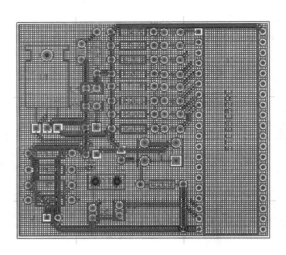

图 3-49　印制电路板顶层和底层敷铜效果

> **核心提示**
>
> 填充与敷铜是有区别的。填充是将整个矩形区域以敷铜全部填满，同时覆盖区域内所有的导线、焊盘和过孔，使它们具有电气连接；而敷铜填充用铜线填充，并可以设置绕过多边形区域内具有电气连接的对象，不改变它们原有的电气特性。另外，直接拖动敷铜就可以调整其放置位置，此时会出现一个 Confirm（确认）对话框，询问是否重建，应单击 Yes 按钮，要求重建，以避免发生信号短路现象。

3．DRC 检查

Protel 99 SE 具有一个有效的设计规则检查"DRC→Design Rule Check"功能，该功能可以确认设计是否满足设计规则。DRC 可以测试各种违反走线情况，如安全错误、未走线网络、宽度错误、长度错误和影响制造和信号完整性的错误。

DRC 可以后台运行，以防止违反设计规则。这种后台运行模式可以通过设计规则检查对话框的 Online 选项卡实现。用户也可以随时手动运行来检查设计规则是否违反。

运行 DRC 可以执行菜单命令"Tools→Design Rule Check"，系统将弹出如图 3-50 所示的 Design Rule Check（设计规则检查）对话框。在 Report（报告）选项卡中设定需要检查的规则选项。然后单击 Run DRC 按钮，就可以启动 DRC 运行模式，完成检查后将在设计窗口显示任何可能违反的规则。

当用户想在线运行 DRC 时，可以单击图 3-50 所示对话框的 On-line 标签，进入 On-line 选项卡，如图 3-51 所示，在该选项卡中，用户可以设置在线规则检查选项，设置了选项后，单击 Run DRC 按钮，即可进行后台检查。

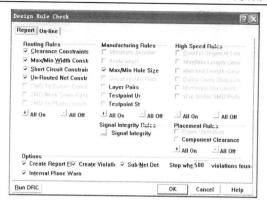

图 3-50 "设计规则检查"对话框

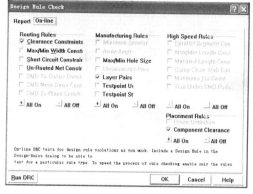

图 3-51 设计规则检查 On-line 选项卡

核心提示

设计规则检查（DRC）是一个有效的自动检查特征，既能够检查用户设计的逻辑完整性，也可以检查物理完整性。在设计任何 PCB 时该功能均应该运行，对涉及的规则进行检查，以确保设计符合安全规则，并且没有违反任何规则。

任务 3.3 单片机电路双面印制电路板设计实战训练

本训练的任务目标是利用电子线路 CAD 软件 Protel 99 SE 完成单片机电路的双面印制电路板设计，以进一步深化理解掌握有关设计要领。该训练的单片机电路原理图如图 3-52 所示，对应的元器件属性列表如表 3-2 所示。

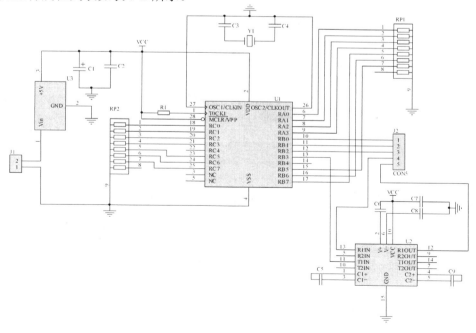

图 3-52 单片机电路原理图

表 3-2　元器件属性列表

Lib Ref	Designator	Footprint
CON2	J1	SIP2
CON5	J2	SIP5
VOLTREG	U3	TO-220
CAP	C2～C9	RAD0.1
ELECTRO1	C1	RB.2/.4
RES2	R1	AXIAL0.4
自制	RP1、RP2	SIP9
自制	U1	DIP28
自制	U2	DIP16
CRYSTAL	Y1	XTAL1
元器件库：Miscellaneous Devices.ddb		

1．训练要求

（1）单片机电路双面印制电路板原理图设计要求

① 根据要求绘制元器件符号 U1、U2、RP1 和 RP2。

② 根据实际元件确定所有元器件封装。

③ 根据元器件属性列表绘制原理图并创建网络表文件。

④ 根据工艺要求绘制双面印制电路板图。

⑤ 编制工艺文件。

（2）单片机电路双面印制电路板图设计要求

① 印制电路板尺寸。宽：74mm、高：54mm，安装孔位置与孔径如图 3-53 所示。

② 绘制双面板。

③ 信号线宽为 15mil。

④ 接地网络和 VCC 的网络线宽为 40mil。

⑤ 从 J1 到三端稳压器 U1 输入端线宽为 60mil。

⑥ 分别在顶层（Top Layer）和底层（Bottom Layer）对印制电路板进行整板敷铜。

⑦ 原理图与印制电路板图的一致性检查。

（3）核心技能

① 电阻排封装确定。

② 电路中有核心元器件的布局原则。

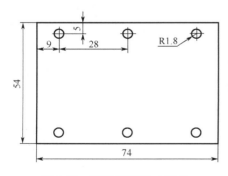

图 3-53　PCB 图的尺寸要求

③ 单片机电路中对晶振和晶振电路中电容的位置要求。

④ 学习手工布线在不同工作层绘制同一导线的操作方法。

⑤ 利用多边形填充进行整板敷铜的方法。

2．绘制原理图元器件符号

（1）绘制 U1

矩形轮廓。高：14 格，宽：14 格，栅格尺寸为 10mil。U1 如图 3-54 所示。

（2）绘制 U2

矩形轮廓。高：7 格，宽：10 格，栅格尺寸为 10mil。U2 如图 3-55 所示。

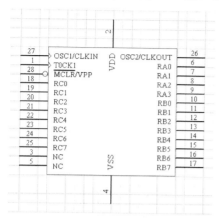

图 3-54　电路符号 U1

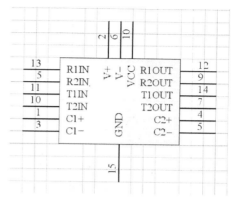

图 3-55　电路符号 U2

（3）绘制电阻排 RP1、RP2

RP1、RP2 可以通过修改 Miscellaneous Devices.ddb 元器件符号库中提供的电阻排符号 RESPACK4 获得。RESPACK4 符号如图 3-56 所示，修改后的电阻排符号如图 3-57 所示。

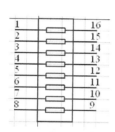

图 3-56　RESPACK4 符号图

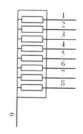

图 3-57　修改后的电阻排符号

3．绘制元器件封装型号

（1）电容 C2～C9 封装

C2～C9 均为无极性电容，可直接使用系统提供的 RAD0.1，只是将焊盘的孔径加大到 31mil 即可。

（2）电解电容 C1 封装

电解电容 C1 封装如图 3-58 所示，具体参数如下。

① 元器件引脚间距离：200mil。

② 焊盘尺寸：焊盘直径为 82mil，焊盘孔径为 31mil。

③ 元器件轮廓：半径为 150mil。

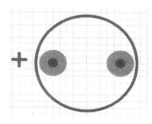

图 3-58　电解电容 C1 封装

④ 与元器件电路符号引脚之间的对应：焊盘号分别为 1、2，1#焊盘为正。

（3）连接器 J1 封装

根据 3.96mm 两针连接器封装 SIP2 符号进行修改。图 3-59 所示为连接器 J1 封装符号，图 3-60 所示为连接器 J1 "焊盘属性" 设置对话框。

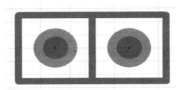

图 3-59　连接器 J1 封装符号　　　　图 3-60　连接器 J1 "焊盘属性" 设置

（4）连接器 J2 封装

利用 Advpcb.ddb 元器件封装库中提供的 SIP5 进行修改。将 SIP5 的焊盘孔径 Hole Size 修改为 35mil，焊盘直径 X-Size、Y-Size 修改为 70mil。

（5）电阻 R1 封装

可以直接采用 Advpcb.ddb 元器件封装库中提供的 AXIAL0.4。

（6）电阻排 RP1、RP2 封装

利用 Advpcb.ddb 元器件封装库中提供的 SIP9 进行修改。将 SIP9 的焊盘孔径 Hole Size 修改为 31mil，焊盘直径 X-Size、Y-Size 修改为 62mil。图 3-61 所示为单列直插式电阻排实物图。

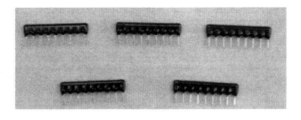

图 3-61　单列直插式电阻排实物图

（7）集成电路芯片 U1 封装

利用 Advpcb.ddb 元器件封装库中提供的 DIP28 进行修改。将 DIP28 的焊盘孔径 Hole Size 修改为 31mil，焊盘直径 X-Size、Y-Size 修改为 62mil。图 3-62 所示为集成电路芯片 U1。

（8）集成电路芯片 U2 封装

利用 Advpcb.ddb 元器件封装库中提供的 DIP16 进行修改。将 DIP16 的焊盘孔径 Hole Size 修改为 31mil，焊盘直径 X-Size、Y-Size 修改为 62mil。

（9）三端稳压器 V1 封装

本任务中三端稳压器 V1 是卧式安装，利用 Advpcb.ddb 元器件封装库中提供的 TO-220

进行修改。如图 3-63 所示为三端稳压器卧式安装图,如图 3-64 所示为 TO-220 封装符号中 1#、2#、3#焊盘的参数,如图 3-65 所示为 TO-220 封装符号中 0#焊盘的参数,如图 3-66 所示为修改后的 TO-220 封装符号。

图 3-62　集成电路芯片 U1

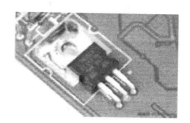

图 3-63　三端稳压器卧式安装图

图 3-64　TO-220 封装符号中 1#、2#、3#焊盘的参数

图 3-65　TO-220 封装符号中 0#焊盘的参数

（10）晶振 Y1 封装

可以直接使用 Advpcb.ddb 元器件封装库中的 XTAL1,晶振实物图如图 3-67 所示。

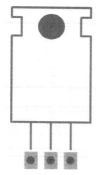

图 3-66　修改后的 TO-220 封装符号

图 3-67　晶振实物图

根据表 3-2 所示元器件属性列表绘制图 3-52 所示的电路图,并根据原理图创建网络表。

4．规划印制电路板

（1）双面印制电路板图需要的工作层

顶层（Top Layer）、底层（Bottom Layer）、机械层（Mechanical Layer）、顶层丝印层（Top Overlayer）、多层（Multi Layer）、禁止布线层（Keep Out Layer）。其中顶层（Top Layer）不仅放置元器件，还要进行布线。

（2）绘制印制电路板边框

在机械层 Mechanical4 Layer 按印制电路板尺寸要求绘制印制电路板的物理边框，同理在禁止布线层（Keep Out Layer）绘制电气边框，绘制完成的效果如图 3-53 所示，图中物理边框和电气边框是重合的。

（3）绘制安装孔

切换到机械层 Mechanical1 Layer 标签，执行菜单命令"Place→Full circle"（或者单击放置工具栏的 ⊙ 按钮）放置安装孔，安装孔的线宽为 0.5mm，半径为 1.8mm。如图 3-68 所示为印制电路板物理边框、电气边框和安装孔绘制完成后的情况。

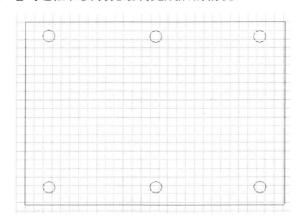

图 3-68　物理边框、电气边框和安装孔绘制完成后的情况

5．装入网络表及对元器件进行布局

（1）加载元器件封装库

加载系统提供的元器件封装库 Advpcb.ddb，再打开自己建的元器件封装库。

（2）装入网络表

在 PCB 文件中执行菜单命令"Design → Load Nets"，将根据原理图产生的网络表文件装入到 PCB 文件中。

（3）元器件布局

经自动布局和手工调整后的印制电路板元器件布局如图 3-69 所示。

6．手工布线

（1）调整焊盘参数

① 调整 C2～C9 的焊盘，将焊盘孔径 Hole Size 设置为 31mil；

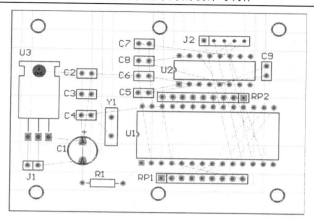

图 3-69　完成布局后的情况

② 调整 J2 的焊盘，将焊盘孔径 Hole Size 设置为 35mil，将焊盘直径 X-Size、Y-Size 设置为 70mil；

③ 调整 RP1、RP2 的焊盘，将焊盘孔径 Hole Size 设置为 31mil，将焊盘直径 X-Size、Y-Size 设置为 62mil；

④ 调整 U1 的焊盘，将焊盘孔径 Hole Size 设置为 31mil，将焊盘直径 X-Size、Y-Size 设置为 62mil；

⑤ 调整 U2 的焊盘，将焊盘孔径 Hole Size 设置为 31mil，将焊盘直径 X-Size、Y-Size 设置为 62mil。

（2）设置布线规则

对印制电路板布线时，线宽采取图 3-70 所示规则进行线宽设置。

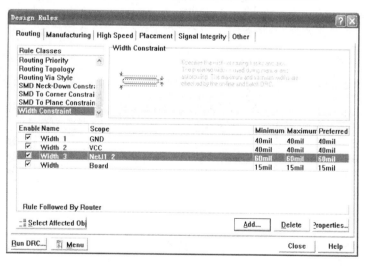

图 3-70　设置线宽

（3）手工布线

本项目采用顶层（Top Layer）垂直布线，底层（Bottom Layer）水平布线。全局手工布线效果如图 3-71 所示。

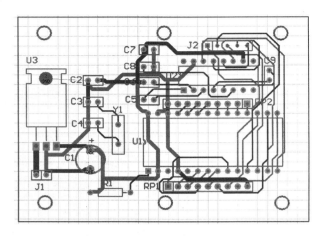

图 3-71　全局布线效果

（4）敷铜

①　在三端稳压器的散热片位置放置矩形单层焊盘，矩形焊盘属性设置如图 3-72 所示，矩形单层焊盘放置到三端稳压器 V1 的散热片位置如图 3-73 所示。

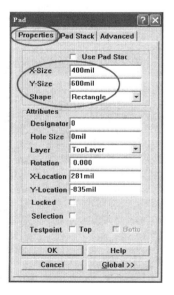

（a）焊盘形状与尺寸设置　　　　（b）焊盘网络设置

图 3-72　矩形焊盘属性设置

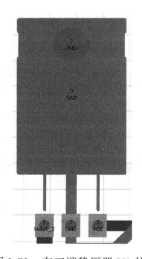

图 3-73　在三端稳压器 V1 的散热片
位置放置矩形单层焊盘

②　进行整板敷铜。

按图 3-74 所示进行设置后，对印制电路板进行整板敷铜。在 Top Layer 和 Bottom Layer 分别进行整板敷铜。整板敷铜效果如图 3-75 所示。

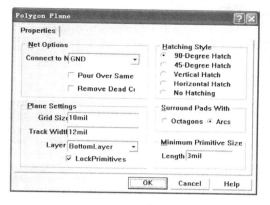

图 3-74   "敷铜属性设置"对话框

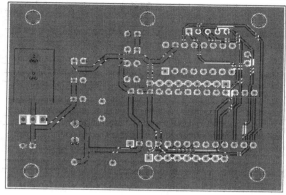

图 3-75   整板敷铜效果图

实战训练成绩评定表

技能训练内容		训练任务成绩			
		训练表现	训练过程	训练结果	评定等级
原理图设计					
元器件封装修改					
PCB 设计					
班级		学号	姓名	教师签名	

※评定等级分为优秀、良好、及格和不及格。

【拓展提高】PCB 工作参数设置

通过以上的训练，大家已经基本上掌握了 PCB 的设计流程，但是对 PCB 本身的高级工作参数设置还不是十分了解，而这两种设置恰恰是 PCB 设计过程非常重要的环节，需要读者进一步学习提高。

在 PCB 设计环境下，执行菜单命令"Tools→Preferences"（或者右键单击空白处，选择Options/Preferences…命令），屏幕将出现如图 3-76 所示的"系统工作参数设置"对话框。共分6 大类参数选项卡，下面分别予以介绍。

1. Options（选项）选项卡

Options 选项卡如图 3-76 所示。有 6 个区域，分别如下。

（1）Editing options（编辑）区域

① Online DRC：选中表示在布线的整个过程中，系统自动根据设定的规则进行检查。

② Snap To Center：用于设置移动元器件封装或字符串时，光标是否自动移动到元器件封装或字符串的平移参考点上。系统默认选中此项。一般情况下，元器件封装的参考点为 1 号焊盘（引脚 1），而字符串的平移参考点为字符串左下角的小十字，旋转参考点为字符串右下角的小圆圈。

③ Extend Selection：用于设置当选择印制电路板组件时，是否取消原来选择的组件。选中

此项，系统不会取消原来选择的组件，连同新选择的组件一起处于选择状态。系统默认选中此项。

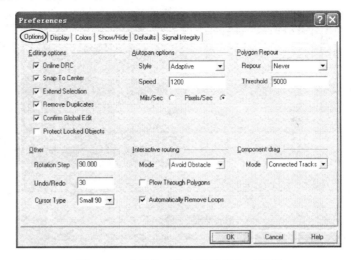

图 3-76   "系统工作参数设置"对话框

④ Remove Duplicates：选中表示系统将自动删除重复的元器件，以保证电路图上没有元件标号完全相同的元件。系统默认选中此项。

⑤ Confirm Global Edit：选中表示在进行整体编辑操作以前，系统将给出提示，以防错误编辑发生。系统默认选中此项。

⑥ Protect Locked Objects：选中表示在高速自动布线时，保护先前放置的锁定对象不变。

（2）Autopan options（自动边移）区域（边移表示以光标为中心的屏幕运动）

① Style：自动边移方式，单击 Style 右边的下拉按钮，如图 3-77 所示，有 7 种方式可供选择。

➤ Disable：表示光标移到工作区的边缘时，系统不会自动向工作区以外的区域移动，即取消自动边移功能。

➤ Re-Center：表示光标移到工作区的边缘时，系统将以光标所在的位置重新定位工作区的中心位置。

➤ Fixed Size Jump：表示光标移到工作区的边缘时，系统以设置的"Step Size（步长）"进行自动向工作区外移动。

➤ Shift Accelerate： Shift 键加速。

➤ Shift Decelerate： Shift 键减速。

➤ Ballistic：表示光标移到工作区的边缘时，朝原方向继续移动，光标越往边上拉，屏幕移动速度越快。

➤ Adaptive：表示光标移到工作区的边缘时，朝原方向继续移动，屏幕按固定的较快速度移动。

② Speed：移动速度，系统默认值为 1200。

③ Mils/Sec：移动速度单位，Mils/s。

④ Pixels/Sec：移动速度单位，Pixels/s。

（3）Interactive routing（交互式布线模式）区域

① Mode：单击 Mode（模式）的下拉按钮，如图 3-78 所示，有 3 种方式可供选择。

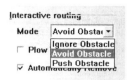

图 3-77　自动边移方式　　　　图 3-78　交互式布线模式选择

Ignore Obstacle（忽略障碍）：选中表示在布线遇到障碍时，系统会忽略障碍，直接布线过去。

Avoid Obstacle（避免障碍）：选中表示在布线遇到障碍时，系统会设法绕过障碍，布线过去。

Push Obstacle（清除障碍）：选中表示在布线遇到障碍时，系统会将障碍清除掉，再布线过去。

② Plow Through Polygons：导线穿过多边形填充，即多边形填充绕过导线。

③ Automatically Remove Loops：布线过程中，自动删除回路。

（4）Component drag（图件拖动模式）区域

① None：表示没有。

② Connected Tracks：选中表示在使用 Move/Drag 命令移动某元器件时，与其相连的导线将跟随移动。

（5）Other（其他）区域

① Rotation Step：设置元器件旋转的角度，系统默认值为 90°。

② Undo/Redo：设置最大保留的撤销或重复操作的次数，系统默认值为 30 次。

③ Cursor Type：设置光标的形状。单击下拉按钮，有 3 种光标形状：Large 90（大十字）、Small 90（小十字）、Small 45（小叉形），如图 3-79 所示。

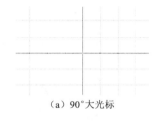
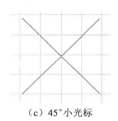

（a）90°大光标　　　　　　（b）90°小光标　　　　　　（c）45°小光标

图 3-79　光标的 3 种形状

2．Display（显示）选项卡

Display 选项卡如图 3-80 所示，有 3 个区域，分别如下。

（1）Display options 区域

① Convert Special Strings：显示特殊功能的字符串。

② Highlight in Full：用来设置在执行有关选择实体命令时，选择部分全部高亮显示，建议选中。

③ Use Net Color For Highlight：高亮显示使用时所设置的网络颜色。

④ Redraw Layers：表示重画电路时，系统将一层一层地刷新。

⑤ Single Layer Mode：选中只显示当前的板层，切换板层时，也只是显示指定的那一层。

⑥ Transparent Layers：选中表示所有板层（包括导线、焊盘）均为透明状。

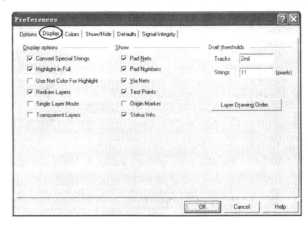

图 3-80　Display 选项卡

（2）Show 区域

① Pad Nets：显示焊盘网络名称。

② Pad Numbers：显示所有编码焊盘的编号，建议选中此项，这会给绘图带来方便。

③ Via Nets：显示过孔的网络名称。

④ Test Points：显示测试点。

⑤ Origin Marker：显示绝对原点的标志（带叉圆圈）。

⑥ Status Info：显示当前工作的状态信息。

（3）Draft thresholds（模式切换范围）区域

该区域用于设置草图中走线宽度和字符串长度的阈值。

① Tracks：走线宽度阈值，默认值为 2mil。

② Strings：字符串长度阈值，默认值为 11pixels（像素）。

3．Colors（颜色）选项卡

Colors 选项卡如图 3-81 所示，用于设置各种工作层面、文字、屏幕等的颜色。

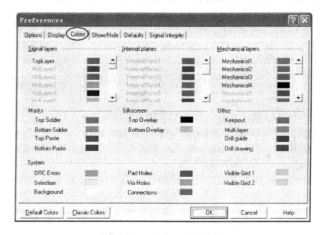

图 3-81　Colors 选项卡

📺 **核心提示**

在图 3-81 中的左下角，有两个重要的颜色设置按钮。

Classic Colors：将所有颜色设置为传统 DOS 下的黑色背景的设计界面。

Default Colors：将所有颜色设置恢复到系统的默认值。

设置层面颜色时，单击所需要修改的颜色条，打开如图 3-82 所示的 Choose Color（颜色选择）对话框，我们只需在系统提供的 239 种颜色中选择一种，或者自定义一种颜色（Define Custom Colors），单击 OK 按钮，最后再单击 Colors 选项卡中的 OK 按钮即可。

4．Show/Hide（图件显示/隐藏）选项卡

Show/Hide 选项卡如图 3-83 所示。Show/Hide 选项卡用于设置各类图件的显示方式。对每一种图件都对应了 3 种显示方式： Final（精细）、Draft（粗略）、Hidden（隐藏）。有 10 种图件：Arcs（圆弧）、Fills（金属填充）、Pads（焊盘）、Polygons（多边形敷铜填充）、Dimensions（尺寸标注）、Strings（字符串）、Tracks（铜膜导线）、Vias（过孔）、Coordinates（位置坐标）、Rooms（矩形区域）。

在 Show/Hide 选项卡的左下方有三个按钮：All Final、 All Draft 、All Hidden，选中某按钮，则上述 10 种图件全部设置为该项功能。

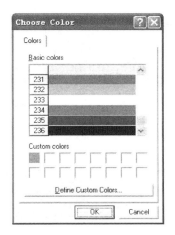

图 3-82 "颜色选择"对话框

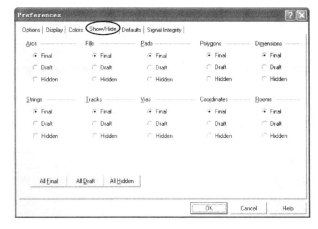

图 3-83 "显示/隐藏"选项卡

5．Defaults（图件参数默认）选项卡

Defaults 选项卡如图 3-84 所示。在 Primitive type（基本类型）列表框里选中要设置的图件，双击该图件或单击下面的 Edit Values 按钮，即可进入"编辑默认值"对话框。 根据需要修改和设置该图件的系统默认值， 各项的修改会在取用元器件封装时反映出来。此外，在放置一个图件时，按下键盘上的 Tab 键，也可以修改图件的属性和系统默认值。

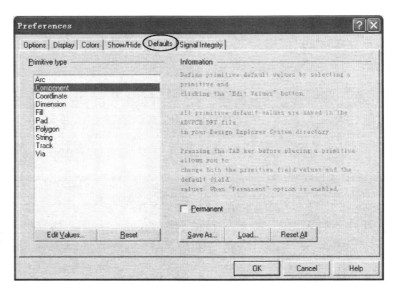

图 3-84　Defaults 选项卡

 项目小结

本项目主要介绍了单片机流水灯印制电路板的设计过程，要求掌握以下主要内容。

（1）采用网络标号的方法绘制原理图。

（2）双面板 PCB 设计方法与流程。

（3）PCB 设计规则的设置。

（4）元器件实际封装的制作方法。

（5）PCB 的完善处理。

（6）PCB 工作参数的设置。

本项目的重点为用网络标号简化原理图的设计及双面板设计制作，难点为 PCB 设计规则的设置。通过本项目的学习能进一步提高实用印制电路板设计与制作的实际经验和水平，拓展实践技能。

 训练题目

1．PCB 工作环境参数设置。新建一个 PCB 文件，按照以下要求完成操作。

（1）工作层设置：信号层选择顶层和底层，机械层选择第一层，防焊层和锡膏层选择顶层。

（2）选项设置：

① 设置当出现重叠图件时，系统会自动删除重叠的图件。

② 设置进行整体编辑时，系统会自动弹出"确认"对话框。

③ 取消自动边移功能。

（3）数值设置：

① 设置测量单位为"英制"，可视栅格 2 为 100mil。

② 设置水平、垂直捕捉栅格和水平、垂直元件栅格均为 10mil，电器栅格为 8mil。

③ 设置旋转角度为 45°，操作撤销次数为 30 次。

（4）显示设置：

① 设置栅格类型为"线型"，显示"飞线"、"过孔"和"焊盘孔"。

② 设置只显示当前板层，不显示网络名称和焊点序号。

③ 设置所有显示对象的颜色均为程序默认颜色。

④ 设置字符串和过孔为"精细显示"，其余均为"隐藏显示"。

（5）默认值设置：圆弧宽度为 15mil，位于机械 1 层，起始角为 90°，终止角为 360°。设置完毕，保存操作结果。

2．数字频率计电路设计，原理图如图 3-86 所示。

（1）创建元件库 Mysch.lib，在该库中分别制作以下元件符号：

数码管 DPY_7-SEG_DP，元件描述 DS?；CD40110，元件描述 U?；4017，元件描述 U?（各元件符号如图 3-86 所示）。

（2）创建元件封装库 MyPCB.lib，在该库中制作数码管的封装图如图 3-85 所示，封装名为 DSP。

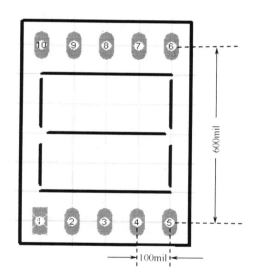

图 3-85   数码管封装

（3）绘制具有总线结构的原理图（也可改为只用网络标号绘制）。

（4）双面板 PCB 自动布线、手工调整。要求电源线与地线线宽为 35mil，电源线设置为顶层布线，地线设置为底层布线。信号线线宽为 15mil，信号线设置为顶层垂直、底层水平布线。

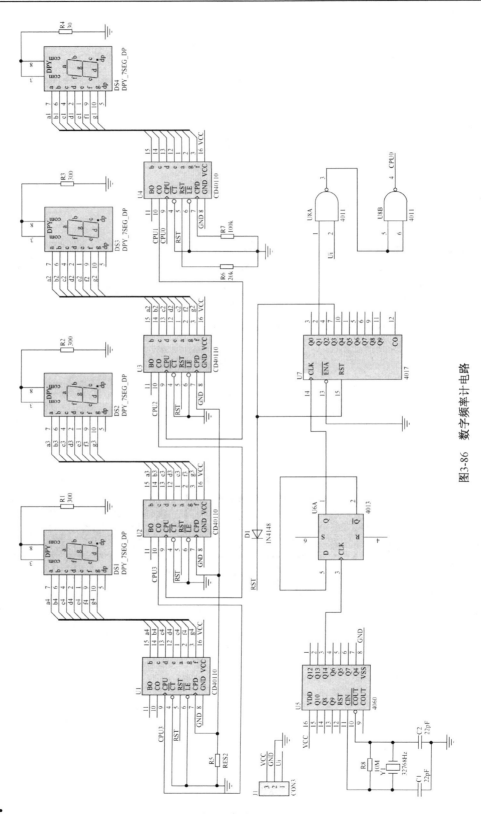

图3-86 数字频率计电路

3．根据图 3-87 所示的单片机最小系统部分电路设计双面印制电路板。

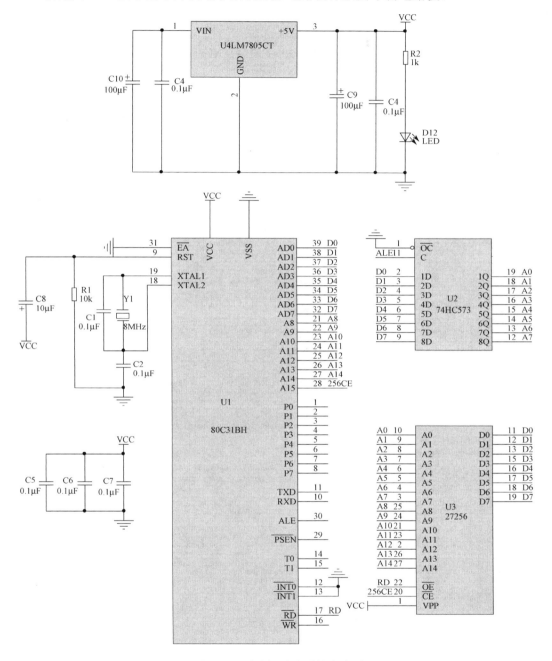

图 3-87　单片机最小系统电路图

（1）元件说明

元件中电容 C8、晶体 Y1、三端稳压块 7805、接插件 JP1 采用通孔式封装，其余元件采用贴片式封装。

（2）设计印制电路板时考虑的因素

① 该电路是一个数字电路,工作电流小,因此连线宽度可以选择细一些,电源线采用 30mil,地线采用 50mil,其余线宽采用 10mil。

② 印制电路板的尺寸设置为 2500mil×1900mil。

③ 集成电路 U1、U2、U3 的滤波电容 C5、C6、C7 就近放置在集成块的电源端,以提高对电源的滤波性能。

④ 电源插排 JP1 放置在印制电路板的左侧。

⑤ 由于晶振电路是高频电路,应禁止在晶振电路下面的底层(Bottom Layer)走信号线,以免相互干扰。在双面板中可以在晶振电路底层设置接地的敷铜(地填充),减少高频噪声。

⑥ 在印制电路板的四周设置 3mm 的螺丝孔。

训练题目成绩评定表

训练题目	训练成绩			
	训练表现	训练过程	训练结果	评定等级
1				
2				
3				
班级	学号		姓名	教师签名

※评定等级分为优秀、良好、及格和不及格。

项目 4　电子脉搏计的设计与制作

 项目剖析

　　电子脉搏计电路系统是通过信号检测、放大处理、定时、计数显示等几个功能模块的设计，实现了对人体脉搏的电子测量。如图 4-1 所示为实际制作出来的电子脉搏计实物图。

　　本项目的核心内容是采用"更新"的方法设计 PCB，通过一个实际的较复杂电子产品来拓展印制电路板的设计技能，同时引入层次式电路设计概念，并学会层次式电路自顶向下和自底向上的设计方法。

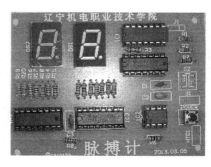

图 4-1　电子脉搏计实物图

教学要求

学习目标	任务分解	教学建议
（1）层次式电路原理图的设计	① 自顶向下的设计方法 ② 自底向上的设计方法	① 学习资讯 通过查阅技术资料或网上查询，会根据电路工作原理划分层次结构
（2）学习实际设计方法，积累一些实践经验和工程经验	① I/O 端口的设置 ② 总线与网络标号的作用 ③ 全局修改同类元件封装 ④ 元件位置的精确调整 ⑤ 印制电路板尺寸的确定	② 学习方法 项目引领，任务驱动，教学做一体化，以学生为主体 ③ 考核方式 按任务目标着重考核相关知识点 ④ 建议学时 8～10 学时
（3）复杂电路 PCB 的设计	① 原理图直接更新到 PCB 的方法 ② PCB 手工布局方法 ③ PCB 预布线方法	
（4）制作 PCB 的工艺方法	PCB 的设计与制作工艺	

　　具体要求如下（包括各知识点分数比例）：

1．能对较复杂电路进行层次模块划分。（20 分）

2．能正确绘制层次式原理图。（40 分）

3．能排除电路原理图更新到 PCB 图过程中出现的错误。（20 分）

4．能手工修改 PCB 布局、布线。（20 分）

任务 4.1　电子脉搏计原理图设计

【教师引领】电子脉搏计的基本原理

如图 4-2 所示为一款电子脉搏计的单页完整电路图，可划分为放大整形、定时、计数译码、动态显示 4 个模块。人体的脉搏数（振动）借助压电陶瓷片传感器实现声电转换，使脉搏的跳动转换为电信号，并加以放大、整形和滤波。555 定时电路是测试经放大后的电信号每分钟的脉搏数。计数译码电路能够记录人体脉搏跳动的次数并计数，动态显示电路以十进制数码的形式显示出来，计数范围在 00～99，若重新开始测量则需要复位。

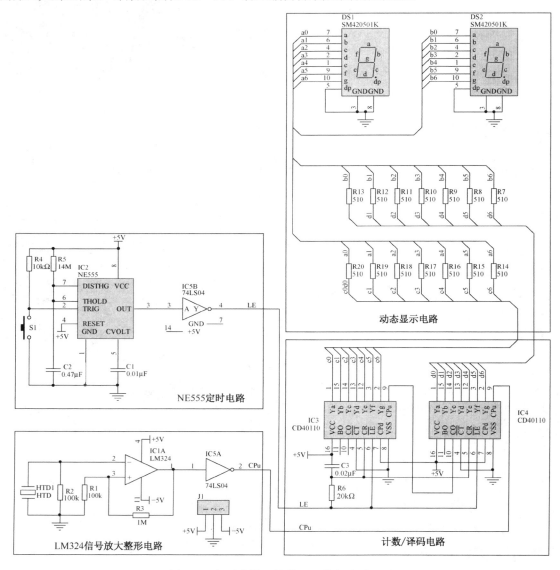

图 4-2　电子脉搏计的单页完整电路原理图

电子脉搏计的原理结构框图如图 4-3 所示。

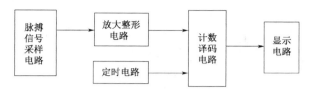

图 4-3　电子脉搏计的结构框图

4.1.1　复杂电路层次设计的基本概念

1. 层次电路设计的概念

当设计较复杂的电路（如音响功放、电视机电路等）时，会遇到无法将整个电路图绘制在一张特定幅面的图纸上或无法打印出单页的完整电路图的问题，为此，需要采用层次电路原理图设计方法。

层次电路设计就是把整个电路系统当成一个设计项目，采用.prj 而不是.sch 作为项目文件的扩展名。对于复杂的电路，工程上往往是首先设计一个总的顶层项目原理图（主图），并对整个电路进行功能模块划分。主图主要由功能方块图来组成，以显示各个功能单元电路之间的电气关系，然后再分别绘制各个底层功能电路图（子图）。这样，设计者在顶层电路中看到的仅仅是一个个的功能模块图，以便从宏观上把握电路的整体结构。单击各功能模块图，就可以深入到电路的底层，从而了解该电路各部分的具体设计。

2. 层次电路图的设计方法

在进行层次电路图的设计时，关键是各个层次之间信号的正确传递，这主要是通过子图符号的输入/输出端口来实现的。

层次原理图的设计主要有以下两种方法。

（1）自顶向下的设计

自顶向下的设计是指先建立一张项目顶层总图，用方块电路代表它的下一层子系统，然后分别绘制各个方块图对应的子电路图。

（2）自底向上的设计

自底向上的设计是指先建立底层子电路，然后再由这些子原理图产生方块电路图，从而产生上层原理图，最后生成项目顶层总图。

4.1.2　电子脉搏计层次原理图的绘制

1. 自顶向下层次原理图设计

（1）新建设计数据库和主图文件

在 F:\protel 目录内新建一个"电子脉搏计.ddb"的设计数据库，在"电子脉搏计.ddb"的 Documents 内新建 1 个原理图文件，并将其命名为"Electronic Pulse.prj"（主图.prj）。根据电子脉搏计的模块划分，确定其自顶向下的结构与各部分电路（子图.sch）英文命名，如图 4-4 所示，对应画出的层次电路主图如图 4-5 所示。

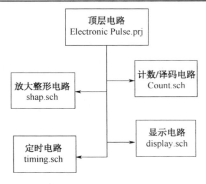

图 4-4　电子脉搏计电路的层次结构

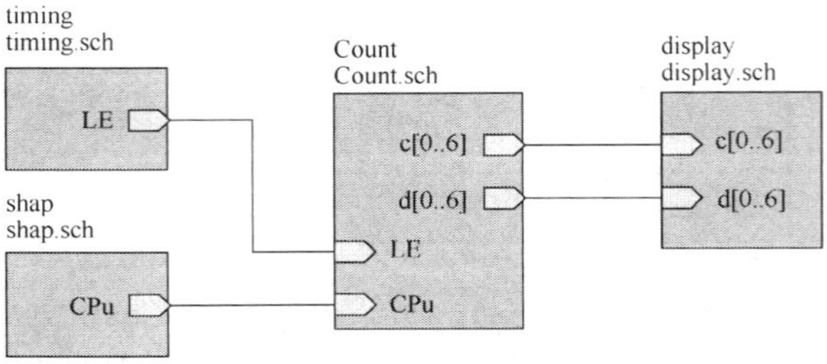

图 4-5　层次电路主图

（2）绘制主图

打开顶层图纸文件"Electronic Pulse.prj"，在该图纸内绘制顶层方块图电路（主图）。

图 4-6　"方块图属性设置"对话框

① 放置方块图。

以 Count 方块图为例，单击连线工具栏上的 ▨ 按钮或执行菜单命令"Place→Sheet Symbol"，光标变成十字形，并且十字光标上带着一个方块图形状。按 Tab 键，将弹出如图 4-6 所示的"方块图属性设置"对话框。

一般需要修改的是 Filename 和 Name。Filename 表示该方块图所代表的子电路图文件名，本例应是"Count.sch"；Name 表示该方块图的名称，注意 Name 名称必须与 Filename 中的文件名相一致，本例应是"Count"。其他设置可以采用默认值，但是 Draw 处一定要勾选，否则方块图内无填充颜色。

设置好后，单击 OK 按钮确认，在适当的位置单击鼠标左键，确定方块图的左上角，移动光标当方块图的大小合适时在右下角单击鼠标左键，则放置好一个方块图，如图 4-7（a）所示。这时仍处于方块图放置状态，重复以上步骤可以继续放置其他模块的方块图，若单击右键，即可退出放置状态。如果需要修改方块图大小，可以单击该方块图，使其处于点取激活状态，此时方块图四周出现了灰色的控点，移动鼠标即可改变方块图尺寸，如图 4-7（b）所示。

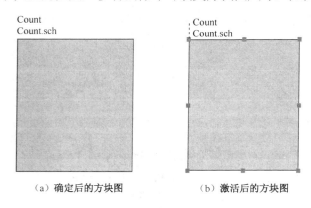

（a）确定后的方块图　　　　　（b）激活后的方块图

图 4-7　方块图的画法

② 放置方块图的 I/O 端口。

以放置方块图的端口 LE 为例，单击 Wiring Tools 连线工具栏上的 ▣ 按钮或执行菜单命令
"Place→Add Sheet Entry"，将十字光标移到方块图上单击鼠标左键（注意一定要在方块图上
单击，如果在方块图外单击则没有效果），会出现一个浮动的方块图端口。按 Tab 键，在弹出
的 "方块图端口属性设置" 对话框中进行相关设置，如图 4-8 所示。

其中，Name 栏用于设置方块图端口名称，如本例输入 "LE"。I/O Type 栏用于设置端口
的电气类型，有 4 种："Unspecified" 表示不指定端口的电气类型；"Output" 表示输出端口；
"Input" 表示输入端口；"Bidirectional" 表示双向传输端口，本例选择 "Input"。Side 栏表
示端口的停靠方向，有上下左右之分，这里不需要选择，会根据端口的放置位置自动设置。
"Style" 栏用于设置端口外形，本例选择向右 "Right"。

设置完毕单击 OK 按钮，此时方块图端口仍处于浮动状态，并随光标的移动而移动。在合
适位置单击鼠标左键，则完成了一个端口的放置，结果如图 4-9 所示。

重复以上步骤可放置方块图其他端口，单击鼠标右键，可退出放置状态。放置好所有端
口的方块图如图 4-10 所示。

 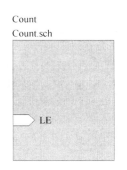 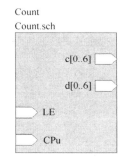

图 4-8　"方块图端口属性设置" 对话框　　图 4-9　放置方块图端口　　图 4-10　放置好端口的方块图

📺 **核心提示**

由于译码显示电路和动态显示电路之间采用总线（Bus）连接，所以其端口名称要用总
线方式 c[0..6] 和 d[0..6] 来表示。

按照以上绘制方块图及其端口的方法可以完成所有方块图的放置，结果如图 4-11 所示。

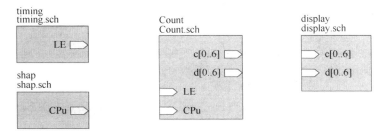

图 4-11　放置完毕所有的方块图

③ 主图连线。

单击连线工具栏上的导线 ≈（或总线 ⊢）按钮，完成顶层电路方块图之间的连线，结果如图 4-5 所示。

┌───
│ 📺 **核心提示**
│
│　　方块图之间可以使用导线和总线进行连接。图 4-5 中的 c[0..6] 和 d[0..6] 的连接线是总
│ 线，其余都为导线。
└───

（3）自动生成子电路图

子电路图与主电路图中的方块图是一一对应的，是利用有关命令自动建立的，千万不能用创建原理图文件的方法建立。

下面以生成"Count.sch"子电路图为例进行说明。在如图 4-5 所示的主电路图中执行菜单命令"Design→Create Sheet From Symbol"（由符号生成图纸）后，光标变成十字形，将光标移动到"Count"方块图上单击左键（注意如果在方块图外单击则无响应），将弹出如图 4-12 所示的询问对话框，要求用户确认端口的输入/输出方向。如果选择 Yes，方块图中的进出点的端口方向与子电路图中输入/输出端口的方向相反；选择 No，则端口方向不反向，这里选择 No。

系统将自动生成名为"Count.sch"的子电路图，且自动切换到"Count.sch"子电路图，并且该子电路图中包含了"Count"方块电路中的所有端口，无需自己再单独放置输入/输出端口，子电路图中的端口如图 4-13 所示。

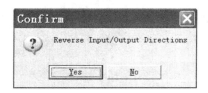

　图 4-12　确认端口方向　　　　　　　图 4-13　自动生成的子电路图端口

同理，可以生成其他 3 个相应的子电路图。从文件管理器窗口中可以发现，"Count.sch"等子电路图自动在主电路"Electronic Pulse.prj"的下一级，如图 4-14 所示。

图 4-14　生成对应子电路的层次结构

┌───
│ 📺 **核心提示**
│
│　　在一个项目中，处于最上方的为主图，一个项目只有一个主图，在主图下方所有的电
│ 路均为子图。当然子图中还可以嵌套子图（分为一级、二级子图）。
└───

（4）绘制各子电路原理图

根据主电路图确定的层次关系，自左向右分别完成各方块图对应子电路的绘制。图 4-15 所示为放大整形电路，为了简化电路结构，将+5V/–5V 电源接口 22 电路中；图 4-16 所示为定时电路；图 4-17 所示为计数/译码电路；图 4-18 所示为显示电路。各子电路的元件属性（封装）如图 4-21 所示。

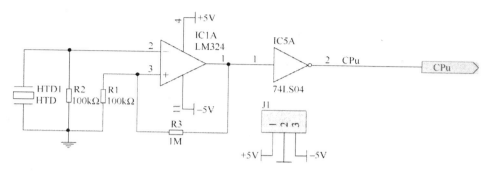

图 4-15　放大整形电路（shap.sch）

【知识链接】子电路输入/输出（I/O）端口的设置

在层次电路中有很多输入/输出端口，子电路之间主要靠它来进行连接。单击连线工具栏上的 按钮（注意要与方块图的端口 区别开来），发现光标上跟随了一个端口，按 Tab 键，在弹出的"端口属性"对话框中进行修改。在图 4-15 中只有一个输出端口"CPu"，其端口的具体设置为：Name 栏填入"CPu"；Style 栏选择向右"Right"；I/O Type 栏选择"Output"。

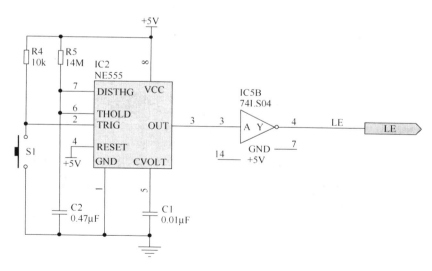

图 4-16　定时电路（timing.sch）

【工程经验】集成门电路隐藏电源引脚的设置

一般集成门电路的电源引脚都是隐藏的，其默认网络标号为"VCC"。例如，在绘制图 4-16 时，应对 74LS04 器件的电源 14 引脚进行编辑，使其网络标号为"+5V"。方法如下：加载 Sim.ddb 元件库，在 74××.Lib 中选中 74LS04，单击 Edit 按钮，打开库文件，在 Pin 栏中将 14 引脚名称由原来的"VCC"改为"+5V"。这样使得 74LS04 的 14 引脚网络标号与整个电路的电源网络标号"+5V"相一致，才能使该引脚具有"+5V"的电源属性。

图 4-16 中的按钮 S1 为自制封装，封装名为"AN"。

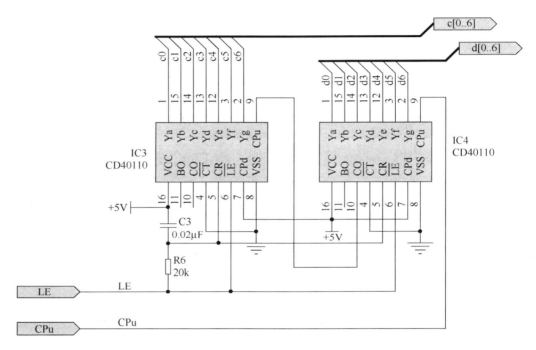

图 4-17 计数/译码电路（Count.sch）

【知识链接】总线、总线分支及网络标号的绘制

总线（Bus）是多条并行导线的集合，可以同时传递不同信号。总线必须用总线分支引出各分导线，用网络标号来标注和区分各分导线，即总线是离不开总线分支和网络标号的。

单击连线工具栏上的 按钮，可以绘制总线；单击 按钮，可以绘制总线分支，再单击 按钮，从各引脚开始绘制各分导线与总线分支相连接。单击 按钮，放置网络标号。应注意网络标号一定要放在相应的分导线上，不可放在空白处。在电路中即使没相连但具有相同网络标号的两根导线，具有相同的网络特性，即它们在电气含义上相当于实际连接在一起的，如图 4-18 所示。

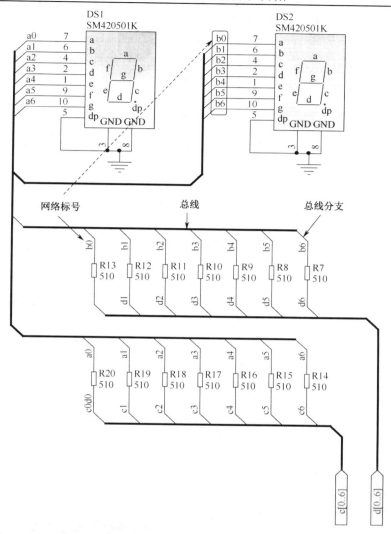

图 4-18 显示电路（display.sch）

【实用技巧】连续放置网络标号

在放置第一个网络标号（如 a0）时，先按下 Tab 键，出现如图 4-19 所示的 Net Label 对话框，在 Net 栏中输入 a0，则其他后续的网络编号 a1…a6 就按顺序依次递增了。这是 Tab 键特有的数字顺序排列记忆功能。

在图 4-18 中，为了与实际封装引脚相一致，七段显示数码管 DS1、DS2 的元件符号需要重新编辑引脚号，自制符号并加载。DS1、DS2 为自制封装，封装名为"DSP"。

图 4-19 "网络标号"对话框

【技能技巧】全局修改同类元件封装

在较复杂的原理图中，当有许多同类元件需要同时进行封装等属性的设置时，可采用整体编辑方法一次性完成，而不用对每个元件一一修改。

以设置图 4-18 中的电阻封装为例进行说明。单击任何一个电阻（如 R7），弹出"元件属性"对话框，单击 Global 按钮，则显示详细的元件属性，如图 4-20 所示。Global 按钮的功能是修改元器件属性的同时，也修改其他对象的属性，但是究竟修改哪些对象的属性，修改对象的哪些属性，还需要进行设置。

在图 4-20 中，Attributes To Match By（编辑条件）区域用于设定修改对象属性的选择条件，即如果对象符合条件，其属性就会得到修改。其中带"*"的栏里需要输入选择条件，若不输入就认为所有条件都满足。Copy Attributes（编辑内容）区域用于设定要修改的属性，即把要修改的属性复制给符合条件的所有对象，其中在大括号{}中输入要修改的内容。

例如，将电阻 RES2 的封装 Footprint 项都修改为 AXIAL0.3。操作如下：首先在 Copy Attributes 区域的 Footprint 项中输入 AXIAL0.3（注意去掉大括号），然后在 Attributes To Match By 区域的 Lib Ref 项中输入 RES2，这样库参考名为 RES2 的电阻封装都会被修改为 AXIAL0.3。

输入完毕单击 OK 按钮，出现如图 4-21 所示的 Confirm（整体编辑确认）对话框，单击 Yes 按钮，则所有电阻的封装都改为了 AXIAL0.3。

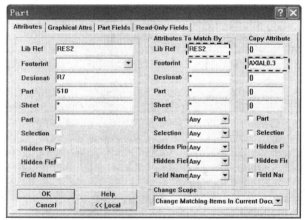

图 4-20　"元件整体编辑"对话框

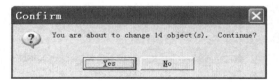

图 4-21　"整体编辑确认"对话框

（5）生成各种列表文件

回到主电路文件下，执行菜单命令"Reports→Bill of Material"，选择 Project（项目）选项，生成电子脉搏计元器件属性列表文件"Electronic Pulse.XLS"。如果发现表中有错误问题，返回对应的子电路进行修改，最后生成的元器件清单如图 4-22 所示。

图 4-22 中按钮 S1 的封装名为"AN"，数码管 DS1、DS2 的封装名为"DSP"，均为自制封装。

执行菜单命令"Reports→Cross Reference"，生成元器件交叉列表文件如图 4-23 所示。

执行菜单命令"Reports→Design Hierarchy"，生成层次项目组织列表文件如图 4-24 所示。

1	Part Type	Designator	Footprint	Description
2	0.01u	C1	RAD0.2	Capacitor
3	0.02u	C3	RAD0.2	Capacitor
4	0.47u	C2	RAD0.2	Capacitor
5	1M	R3	AXIAL0.3	电阻
6	6*4	S1	AN	自制封装
7	10K	R4	AXIAL0.3	电阻
8	14M	R5	AXIAL0.3	电阻
9	20K	R6	AXIAL0.3	电阻
10	74LS04	IC5	SO-14	Hex Inverter 表贴式
11	100K	R2	AXIAL0.3	电阻
12	100K	R1	AXIAL0.3	电阻
13		510 R11	AXIAL0.3	电阻
14		510 R12	AXIAL0.3	电阻
15		510 R9	AXIAL0.3	电阻
16		510 R10	AXIAL0.3	电阻
17		510 R15	AXIAL0.3	电阻
18		510 R16	AXIAL0.3	电阻
19		510 R13	AXIAL0.3	电阻
20		510 R14	AXIAL0.3	电阻
21		510 R18	AXIAL0.3	电阻
22		510 R20	AXIAL0.3	电阻
23		510 R19	AXIAL0.3	电阻
24		510 R17	AXIAL0.3	电阻
25		510 R7	AXIAL0.3	电阻
26		510 R8	AXIAL0.3	电阻
27	CD40110	IC4	DIP16	CD40110
28	CD40110	IC3	DIP16	CD40110
29	CON3	J1	SIP3	Connector
30	HTD	HTD1	XTAL1	Crystal
31	LM324	IC1	DIP14	LM324
32	NE555	IC2	DIP8	EN555
33	SM420501K	DS1 DS2	DSP	Common Cath 自制封装

图 4-22　电子脉搏计的元件列表文件

```
Part Cross Reference Report For : Electronic Pulse.xrf        3-

Designator        Component          Library Reference Sheet
---------------------------------------------------------------
C1                0.01u              timing.sch
C2                0.47u              timing.sch
C3                0.02u              Count.sch
DS1               SM420501K          display.sch
DS2               SM420501K          display.sch
HTD1              HTD                shap.sch
IC1A              LM324              shap.sch
IC2               NE555              timing.sch
IC3               CD40110            Count.sch
IC4               CD40110            Count.sch
IC5A              74LS04             shap.sch
IC5B              74LS04             timing.sch
J1                CON3               shap.sch
R1                100K               shap.sch
R2                100K               shap.sch
R3                1M                 shap.sch
R4                10K                timing.sch
R5                14M                timing.sch
R6                20K                Count.sch
R7                510                display.sch
R8                510                display.sch
R9                510                display.sch
R10               510                display.sch
R11               510                display.sch
R12               510                display.sch
R13               510                display.sch
R14               510                display.sch
R15               510                display.sch
R16               510                display.sch
R17               510                display.sch
R18               510                display.sch
R19               510                display.sch
R20               510                display.sch
S1                6*4                timing.sch
```

图 4-23　电子脉搏计的元器件交叉列表文件

```
Design Hierarchy Report for F:\protel\电子脉搏计.DDB

Documents
    Electronic Pulse.cfg
    Electronic Pulse.prj
        Count.sch
        timing.sch
        shap.sch
        display.sch
    Electronic Pulse.XLS
    Mypcb.ERR
    Mypcb.LIB
    Electronic Pulse.PCB
    Electronic Pulse.xrf
```

图 4-24　电子脉搏计的层次项目组织列表文件

2．层次电路不同文件的切换

层次电路中含有多张电路图，为方便查看电路，可采用下列两种方法。

（1）利用文件管理器切换

在文件管理器窗口内，将鼠标移到目标原理图文件名上，单击左键，即可迅速切换到相应的原理图中，右击退出命令状态。

（2）利用工具切换

① 从主电路切换到子电路。单击主工具栏上的 按钮，或执行菜单命令"Tools→Up/Down Hierarchy"，光标变成十字，在方块图（或端口）上单击左键，则系统就自动切换到该方块图对应的子电路（或 I/O 端口）上，右击退出命令状态。

② 从子电路切换到主电路。单击主工具栏上的 按钮，或执行菜单命令"Tools→Up/Down Hierarchy"，光标变成十字，在子电路图（或 I/O 端口）上单击左键，则系统就自动切换到该子电路图对应的主电路（或端口）上，右击退出命令状态。

层次电路之间的切换关系如图 4-25 所示,图中的粗实线表示这 3 个图样之间的等效连接。

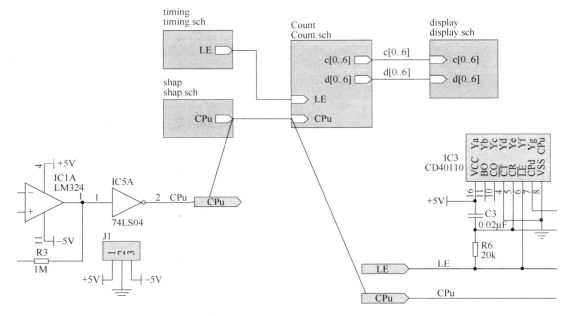

图 4-25　层次电路的连接关系

3．自底向上层次原理图设计

自底向上是自顶向下设计方法的反过程,即先设计出各子电路,最后形成主电路。

（1）子电路图设计

在 F:\protel 目录文件夹内新建一个"电子脉搏计.ddb"的设计数据库,在"电子脉搏计.ddb"的 Documents 内新建 4 个原理图文件,并依次命名为"shap.sch"、"timing.sch"、"Count.sch"、"display.sch",分别打开文件进行原理图设计,最后完成绘制的各子电路如图 4-15～图 4-18 所示。

（2）创建主电路的各方块图

图 4-26　"选择文件放置"对话框

在"电子脉搏计.ddb"的 Documents 内新建 1 个原理图文件,并将其命名为"Electronic Pulse.prj"。双击打开"Electronic Pulse.prj"文件,进入编辑顶层文件的状态,执行菜单命令"Design→Create Symbol From Sheet"（由图纸生成符号）后,弹出如图 4-26 所示的对话框。

选择要创建方块图的子电路文件名（如 Count.sch）,单击 OK 按钮后出现图 4-12 所示的询问对话框,要求用户确认端口的输入/输出方向;选择 No,则端口方向不反向。光标变成十字形且出现一个浮动的方块图符号,随光标的移动而移动,在合适的位置单击鼠标左键,即放置好该方块符号。重复以上操作,自动生成"shap.sch"、"timing.sch"、"display.sch"对应的方块图，适当调整各方块图大小、位置后，结果如图 4-11 所示。将各方块图用导线和总线连接起来，即完成了顶层主电路的设计，如图 4-5 所示。

任务 4.2　电子脉搏计 PCB 设计

4.2.1　原理图到 PCB 图的直接过渡

原理图到 PCB 图的直接过渡就是可以直接实现原理图和 PCB 之间的双向同步设计，而不必产生和利用网络表。主要是通过"更新"（Update PCB）和"同步器"（Synchronization）实现原理图文件和 PCB 文件之间的信息交换。

1. 准备工作

因为按钮 S1 和数码管 DS1、DS2 需要自制封装，所以在设计 PCB 之前应当先完成它们的自制工作。

【工程经验】元器件封装信息的获取

制作元器件封装前应了解封装信息，一般元器件生产厂家提供的用户手册都会有元器件封装信息。如果手头没有自制元件的用户手册，可到供应商的网站查阅。若供应商没有提供，也可以利用搜索引擎或者到一些专业网站获取元器件封装信息。如果找不到元器件相关信息，可以用游标卡尺（要求不高时可用直尺）测量实际元器件获得。

在"电子脉搏计.ddb"的 Documents 内新建 1 个 PCB 元器件封装库文件，并将其命名为"Mypcb.Lib"，在其中绘制下面的封装。

（1）手工自制按钮封装 AN

本项目采用的按钮实物如图 4-27（a）所示。由于实际元件共有四个引脚（其中有两个脚为元件固定引脚），而原理图中的按钮 S1 只有两个引脚，如图 4-27（b）所示，因此在绘制按钮封装之前，首先要确定按钮的实际引脚连接关系，如图 4-27（c）所示。

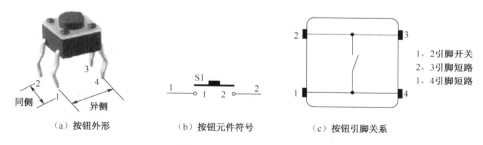

| （a）按钮外形 | （b）按钮元件符号 | （c）按钮引脚关系 |

图 4-27　按钮的引脚分布

通过查阅手册资料（或上网）确定所用按钮开关的封装尺寸如图 4-28（a）所示，也可进行实际测量来确定，如图 4-28（b）所示。按钮开关的具体封装数据如表 4-1 所示，其中按钮引脚形状为条形，取其最大直径为 0.5mm。

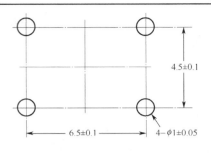

（a）按钮封装尺寸（mm）   （b）用直尺测量

图 4-28   按钮开关尺寸的确定

【工程经验】焊盘孔径和外径的确定

焊盘孔径尺寸应比引脚直径大 0.2～0.3mm，焊盘外径一般取孔径的 2 倍左右。

表 4-1   按钮开关封装数据

所测部位	确定尺寸/mm
同侧焊盘间距	4.5
异侧焊盘间距	6.5
焊盘孔径	0.7
焊盘外径	1.4

① 绘制元器件封装。打开"Mypcb.Lib"文件，执行菜单命令"Edit→Jump Reference"，使光标指向坐标参考零点（0,0），并在此处放置第 1 个焊盘（设为矩形），然后依据表 4-1 的焊盘间距依次放置 2、3、4 焊盘，放置完毕的焊盘坐标位置如图 4-29 所示。将工作层切换到 Top Overlayer（顶层丝印层），单击 PCBLibPlacementTools 工具栏中的 ≈ 按钮，手工绘制按钮封装的外形轮廓，绘制好的外形如图 4-30 所示。

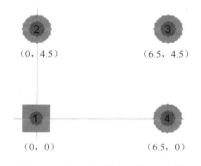

图 4-29   焊盘位置和坐标示意图   图 4-30   自制的按钮封装

② 命名与检查。执行菜单命令"Tools→Rename Component..."，对自制封装命名为"AN"。执行菜单命令"Report→Component Rule Check" 进行元器件规则检查，将弹出如图 4-31 所示的对话框，选择所有选项，单击 OK 按钮，即可执行检查，报告结果如下：

```
Protel Design System: Library Component Rule Check
PCB File : Mypcb
Date     : 2-Jan-2014
Time     : 21:02:51

Name             Warnings
_____
```

如果有错误，会在虚线下方列出出错的对象和错误原因。

③ 保存。执行菜单命令"File→Save"或单击主工具栏中的 按钮，保存元器件封装库文件。

（2）利用向导制作数码管封装 DSP

LED 数码管的实体及其测量如图 4-32 所示，再上网查阅确定封装尺寸如图 4-33 所示（可转换成 mil），具体封装数据如表 4-2 所示。

图 4-31　"元器件规则检查"对话框

（a）实物

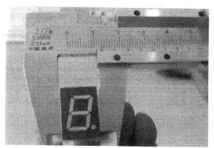

（b）用游标卡尺测量

图 4-32　数码管尺寸的测量

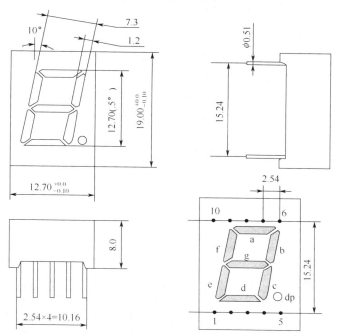

图 4-33　数码管的封装尺寸

表 4-2　数码管封装数据

名称	X	Y
同侧焊盘间距	2.54mm（100mil）	
异侧焊盘间距		15.24mm（600mil）
焊盘孔径（Pads Hole Size）	0.8mm（31.50mil）	0.8mm（31.50mil）
焊盘外径（Pads Size）	2.4mm（94.48mil）	1.2mm（47.24mil）

根据以上数码管的尺寸信息，利用向导生成封装，并根据需要作一定修改。

① 执行菜单命令"Tools→New Component"，在弹出的对话框中单击 Next 按钮，然后选择封装类型为 DIP（双列直插），尺寸单位为 mm（公制 Metric），如图 4-34 所示。

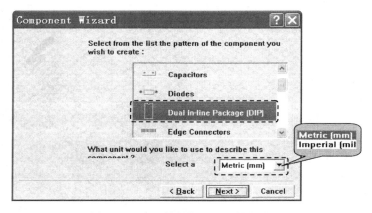

图 4-34　元器件封装和尺寸单位选择

② 利用向导完成的数码管封装，命名为 DSP，如图 4-35 所示。

③ 修改封装。图 4-35 所示的封装与实际数码管封装还有一些差别，需要对其进行一定的修改，完成效果如图 4-36 所示。具体修改步骤如下。

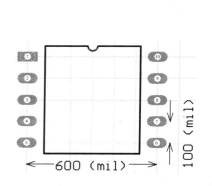

图 4-35　利用向导制作的数码管封装

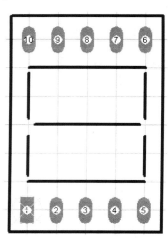

图 4-36　数码管封装

➢ 整体旋转。全选图 4-35 所示封装，按住鼠标左键不放，同时按 Space 键使其旋转

90°，然后单击主工具栏中的图标 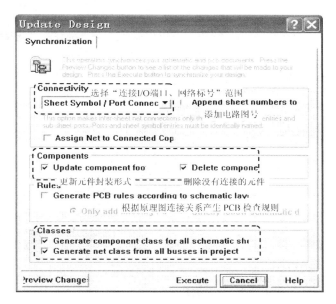，取消选中状态。

➢ 删除轮廓线。按下删除快捷键 E-D，单击左键删除轮廓线和尺寸标注。

➢ 重新绘制轮廓线。选择 Top Overlayer 为当前工作层，单击 PCBLibPlacementTools 工具栏中的图标 ≈，手工绘制数码管封装的外形轮廓。

④ 保存。执行菜单命令"File→Save"或单击主工具栏中的 按钮，保存元器件封装库文件。

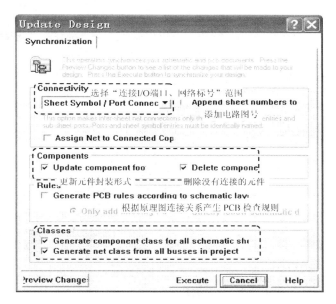　核心提示

① 利用向导创建封装适合于外形和引脚排列比较规范的元器件。

② 一定要在顶层丝印层中更改封装边界轮廓线。

2. 从原理图直接更新到 PCB 图

（1）"更新设计"对话框设置

打开主电路"Electronic Pulse.prj"文件，执行菜单命令"Design→Update PCB"（更新 PCB），弹出对话框如图 4-37 所示。图 4-37 所示的对话框中各选项设置如下。

图 4-37　Update Design（更新设计）对话框

① 选择"连接 I/O 端口、网络标号"范围。根据原理图结构，单击 Connectivity（连接）选项的下拉按钮，选择 I/O 端口、网络标号的作用范围。

a. 对于单张电路原理图，可以选择"Sheet Symbol/Port Connections"、"Net Labels and Port Global"或"Only Port Global"方式的任意一种。

b. 对于多张原理图组成的层次电路，有以下 3 种选择：

➢ 如果在整个设计项目（.prj）中，只用方块图电路 I/O 端口表示上、下层电路之间的连接关系，即各子电路中所有的 I/O 端口与上一层方块图电路 I/O 端口一一对应，则可

将 Connectivity 设为"Sheet Symbol/Port Connections"。本项目适用于此选择。

➢ 如果网络标号及 I/O 端口在整个设计项目内有效，即不同子电路中所有网络标号、I/O 端口相同的节点均认为电气上相连，则将 Connectivity 设为"Net Labels and Port Global"。

➢ 如果 I/O 端口在整个设计项目内有效，而网络标号只在子电路图内有效，则将 Connectivity 设为"Only Port Global"。

② Components（元件）选择。当 Update components footprint 选项处于选中状态时，将更新 PCB 文件中元件封装图；当 Delete components 选项处于选中状态时，将忽略原理图中没有连接（多余）的孤立元件。本项目这两项都选择。

③ 根据需要选中 Generate PCB rules according to schematic layer 选项及其下面的选项。

（2）预览更新情况

单击 Preview Change（变化预览）按钮，观察更新后发生的改变，如图 4-38 所示。

如果原理图不正确，则图 4-38 中"错误列表"对话框内将列出错误原因，同时"更新信息列表"对话框下将提示错误总数，并在 Update Design 对话框内增加 Warnings（警告）标签，如图 4-39 所示。

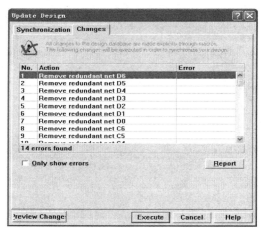

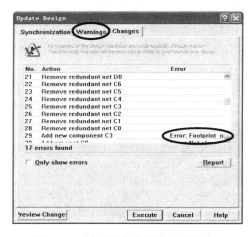

图 4-38　预览更新信息　　　　　　图 4-39　原理图有错误的更新信息

这时必须认真分析错误列表内的提示信息，找出错误原因，并按下 Cancel 按钮，放弃更新，返回到相应的原理图中，更正有关错误后再重新执行更新操作，直到"更新信息列表"对话框内没有错误提示信息为止。如本例为 C3 封装错误（或没有封装），单击 Warnings（警告）标签，可打开"错误提示"对话框，如图 4-40 所示。

常见的出错信息、原因及处理方法参见项目 2 的图 2-87 等有关内容。

（3）更新生成的 PCB 文件

当图 4-38 所示的"更新信息列表"对话框内没有错误提示时，即可单击 Execute 按钮，更新 PCB 文件。

如果不做检查，就立即单击 Execute 按钮，则当原理图存在错误时，将给出如图 4-41 所示的提示信息。

　　执行菜单命令"Design→Update PCB..."后，如果原理图文件所在的文件夹内没有 PCB 文件，系统将自动生成一个新的 PCB 文件（文件名与原理图文件相同）。如果原理图文件所在文件夹内存在两个或两个以上的 PCB 文件，将给出图 4-42 所示的提示信息，要求操作者选择并确认更新哪一个 PCB 文件。因此，在 Protel 99 SE 中，可随时通过"更新"操作，使原理图文件（.SCH）与印制电路板文件（.PCB）保持一致。

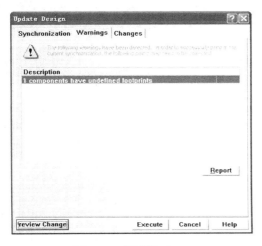

图 4-40　错误提示

图 4-41　原理图存在缺陷不能更新的提示

　　当确定图 4-38 没有错误之后，开始更新，则原理图文件中的元件封装图将呈现在 PCB 文件编辑区内，如图 4-43 所示，图中具有定义的单元房间区域功能块，便于分功能区域布局。由此可见，在 Protel 99 SE 中不需要网络表文件也可自动生成 PCB 文件。

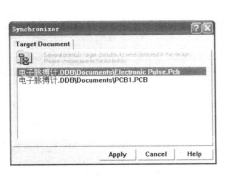

图 4-42　选择需要更新的 PCB 文件

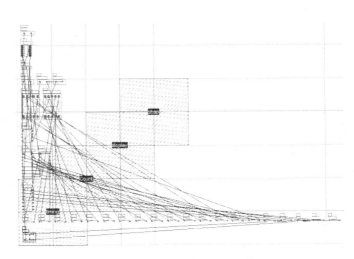

图 4-43　更新生成的 PCB 文件

　　如果不需要单元房间区域功能块，可用快捷键 E-D 将其删除，如图 4-44 所示。

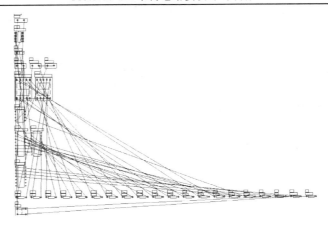

图 4-44   无单元区域功能块的 PCB 文件

4.2.2　复杂电路的元件布局

1．手工预布局

（1）在禁止布线层内绘制布线区

在禁止布线层（Keep Out Layer）内绘制布线区边框时，单击连线工具栏的 ≋ 按钮，不断重复"单击、移动"操作方式画出一个封闭的多边形框。根据元器件的分布情况，布线区尺寸暂定为 4500 mil × 3500 mil（稍偏大些，留有一定空间，以方便手工布局）。

（2）粗调元件位置

由于本例元件数目较多，连线较复杂，先按元件布局规则大致调节印制电路板上的元件位置，操作过程如下。

① 为方便布局，执行菜单命令"View→Connections/Hidden All"，隐藏所有飞线，使手工布局过程中只清晰直观地显示元件。

② 单击 Browse（浏览选项）按钮，在"浏览对象列表"对话框内选择 Components（元件）作为浏览对象，此时 PCB 编辑器窗口状态如图 4-45 所示。

③ 根据元件布局一般规则，在布线区内优先安排核心元件及重要元件（如 IC1、IC2、IC3、IC4、DS1、DS2）的放置位置，再安排其他元件的摆放。

2．手工调整元件布局

手工调整元件布局一般以功能器件为核心，若无特殊要求，印制电路板元件的布局尽可能按照原理图的走线关系对元件布局，这样能使信号流通顺畅，减少元件引脚间的连线长度。

在电子脉搏计的印制电路板设计中，先将数码管放置在印制电路板上端位置，符合人机工程的要求以方便读数，在印制电路板右侧边缘布置电源接插件 J1 和测量输入传感器 HTD1，方便信号接入。

通过移动、旋转操作调整元件的位置，初步布局结果如图 4-46 所示。

经过初步布局操作，印制电路板上元件的位置已基本确定，但元件最终位置、方向并未最后确定，还需要进一步通过移动、旋转、整体对齐等操作方式，仔细调节元件位置，才能连线。

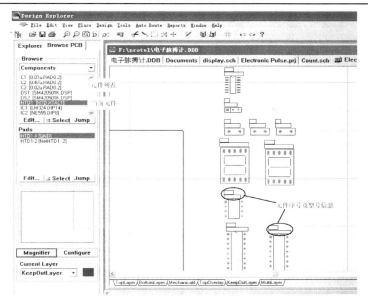

图 4-45 以元件作为浏览

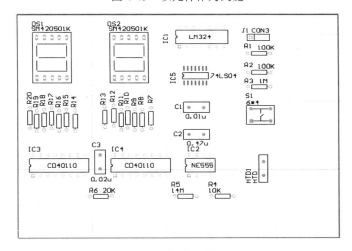

图 4-46 初步布局结果

（1）元件位置精确调整

执行菜单命令"View→ Connections/Show All"，显示所有飞线，如图 4-47 所示。从图 4-47 中可以看出：一些元件方向不正确使飞线交叉偏多，这必须通过旋转操作调整元件放置方向，以减少交叉飞线的数目；很多元件上、下、左、右没有对齐，必须经过选中、对齐操作，使同一排上的元件上下对齐，同一列上的元件左右对齐，使飞线尽可能直，否则自动布线后的连线也绕弯。

数码管 DS1、DS2 的限流电阻 R7～R13、R14～R20 都被调整成垂直状态，但希望在水平与垂直方向上都排列整齐，可以使用软件提供的元件快速排列工具来精确排列此电阻阵列。例如，用鼠标框选选中 R7～R13 电阻（选中状态为亮黄色），执行菜单命令"Tools→Interactive Placement/ Align…"，弹出如图 4-48 所示的 Align Components（排列元件）对话框，选择合适的排列方式，单击 OK 按钮，即可使已选定的电阻按设定的方式重新自动排列。

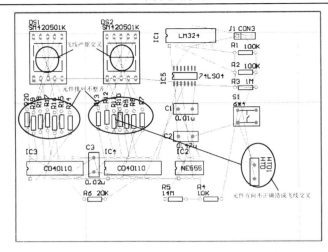

图 4-47　显示所有飞线

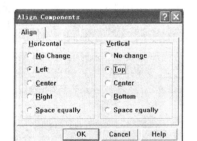

图 4-48　"排列元件"对话框

图 4-48 中的 Horizontal（水平）区域内容如下。

① No Change：排列方式在水平方向上不变。

② Left：水平左对齐。

③ Center：以所选元件为基准水平方向上中心对齐。

④ Right：水平右对齐。

⑤ Space equally：水平方向上等间距均匀排列。

Vertical（垂直）区域中具体内容与 Horizontal（水平）区域的内容相似。

本例选择水平方向上左对齐，垂直方向上顶部对齐。

同理可排列 R14～R20，电阻阵列自动排列后如图 4-49 所示。此时，可将布线区边框尺寸修改变小为 3700mil ×2780mil。

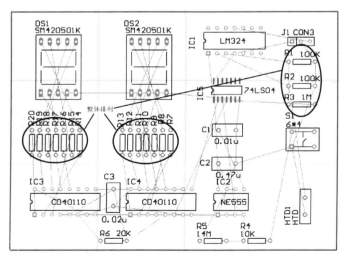

图 4-49　电阻阵列整体对齐排列

【知识链接】设置元件自动布局（排列）间距

在图 4-49 中，由于 R7～R13、R14～R20 电阻阵列自动排列后间距较小（默认为 10mil）而过于紧密，可通过设置适当增大。

执行菜单命令"Design→Rules..."，在 Design Rules（设计规则）对话框内，单击 Placement（放置规则）标签，如图 4-50 所示，然后单击 Rule Classes（规则分类）列表框内的 Component Clearance Constraint（元件间距）设置项，即可观察到元件间距设置信息。

单击 Add 按钮，可增加新的放置规则；在"规则列表"对话框内，单击某一特定规则后，单击 Delete 按钮，即可删除选定的规则；单击 Properties 按钮，可编辑选定的规则。

当没有指定元件放置间距时，自动布局时默认的元件间距为 10mil。根据需要，单击图 4-50 中的 Add 按钮，在图 4-51 所示对话框内，即可增加自动布局过程中元件间距的约束规则。本例中将 R7～R20 电阻阵列自动布局排列间距修改为 15mil。

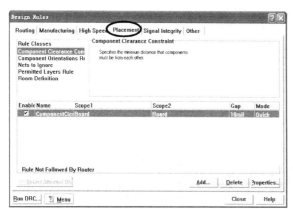

图 4-50　设置元件放置间距

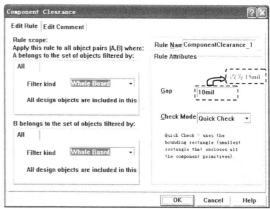

图 4-51　设置元件排列间距及作用范围

（2）元件位置重新调整与确定印制电路板外形尺寸

在图 4-49 中，尽管电阻阵列已经排列整齐，但仍是按照原理图的电阻序号大小顺序排列，或者由于有的电阻引脚方向问题，这样都会造成许多飞线交叉绕远。因此，需要进一步调整电阻阵列的排列顺序，旋转有些电阻的上下方向，尽量减少飞线交叉绕远。

国家标准 GB 9316—1988（见附录 B）规定了通用单面板、双面板及多层印制电路板外形尺寸系列（但不包括箱柜中使用的插件式印制电路板）。一般情况下，印制电路板外形为矩形，该尺寸系列是印制电路板最大外形尺寸，而不是布线区尺寸。

在印制电路板外形尺寸已确定的情况下，布线区受制造工艺、固定方式（通过螺丝或导轨槽）以及装配条件等因素限制。因此，在没有特别限制的情况下，可用手工调整元件布局，获得布线区大致尺寸后，再从印制电路板外形尺寸国家标准 GB9316—1988 中选定外形尺寸。在本例中，布线区大致尺寸为 3700 mil ×2780mil（约 94 mm × 71 mm），从附录 B 中可查出与该尺寸最接近的推荐使用的印制电路板外形尺寸为 100 mm × 80 mm，因此选择 100 mm ×80mm（3937 mil × 3150 mil）作为印制电路板最终外形物理边框尺寸（在机械层 4 绘出），同时在机械层 1 中放置安装孔（Arc），安装孔的线宽为 10mil，半径为 100mil。

经过元件位置的反复平移、旋转、对齐调整，即可获得图 4-52 所示的调整结果。可见同一行上的元件已靠上或靠下对齐，同一列上的元件已靠左或靠右对齐；交叉的飞线数目已很少。至此，手工调整布局基本结束。

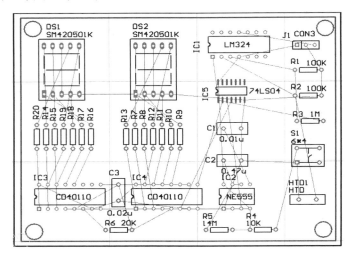

图 4-52　PCB 布局调整结果

为防止印制电路板外形加工过程中触及印制导线或元件引脚焊盘，布线区要小于印制电路板外形尺寸。每层（元件面、焊锡面及内信号层、内电源/地线层）布线区的导电图形与印制电路板边缘距离必须大于 1.25 mm（可取 50 mil），对于采用导轨固定的印制电路板上的导电图形与导轨边缘的距离要大于 2.5 mm（可取 100 mil），如图 4-53 所示。

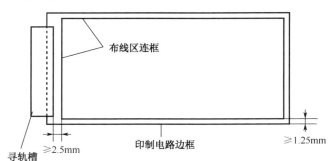

图 4-53　印制电路板外边框与布线区之间的最小距离

4.2.3　电子脉搏计的 PCB 布线

在元器件布局完成之后，就可以进行印制电路板的布线操作了。采用交互式布线的方法，这是一种手工布线与自动布线相结合的布线方法。首先对印制电路板上重要的网络进行预布线，然后锁定（Locked）这些预布线，再对印制电路板上剩余的网络进行自动布线，利用系统提供的自动布线器在短时间内完成布线，最后对自动布线结果中不合理的布线进行手工修改和调整。这种布线方法克服了单独使用一种方法的缺点，尤其适合复杂电路的布线操作。

1．设置自动布线规则

执行菜单命令"Design→Rules…"，在 Routing（布线）标签下设置 Clearance Constraint（安全间距）为 10mil；Routing Layers（布线工作层）：双面板，顶层垂直布线，底层水平布线；Width Constraint（布线宽度）：整板最小为 10mil，最大为 20mil，最优为 15mil；+5V、-5V 网络最小为 10mil，最大为 30mil，最优为 25mil；GND 网络最小为 10mil，最大为 40mil，最优为 35mil，其中线宽设置如图 4-54 所示。

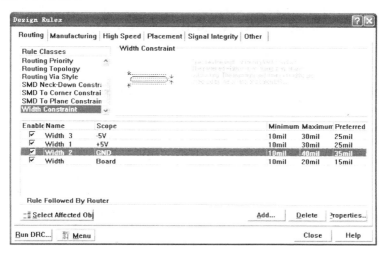

图 4-54　布线线宽的设置

2．预布线

对重要网络（+5V、-5V 和 GND）进行预布线。执行菜单命令"Auto Route→Net"，光标变为十字状，将它移动到 GND 网络上的某一个元件引脚上（如 J1 的 2 引脚）单击鼠标左键，出现如图 4-55 所示的快捷菜单。

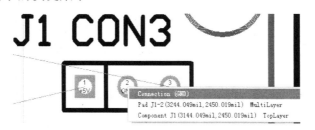

图 4-55　执行对 GND 网络的自动布线

选择 Connection（GND）后，系统就会对 GND 网络自动布线，同样对+5V、-5V 网络进行自动布线，结果如图 4-56 所示。

根据全局布线需要，GND 网络和+5V、-5V 网络自动布线后还要进一步手工修改。利用交互式布线将+5V 网络布线全部修改在顶层，GND 网络和-5V 网络布线全部修改在底层。修改后，+5V 线的颜色都变成红色，GND 线和-5V 线的颜色都变成蓝色，如图 4-57 所示。

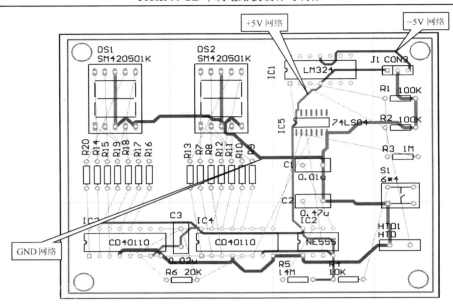

图 4-56 对 GND 网络和+5V、–5V 网络的自动布线

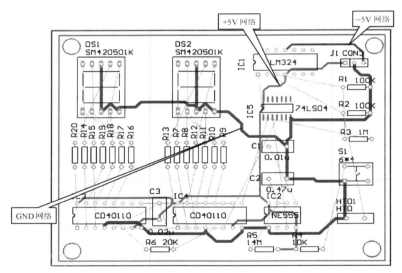

图 4-57 对 GND 网络和+5V、–5V 网络布线的手工修改

3. 全局布线

利用全局编辑功能锁定预布线，再执行菜单命令"Auto Route→ All..."，对其他网络进行全局布线，结果如图 4-58 所示。

接下来还需对个别布线进行手工调整，仔细观察图 4-58 自动布线结果，发现有些导线太绕远，如图 4-59 所示。拆除不合理的相关导线，启动利用交互式布线按钮 将图 4-59 中的布线进行修改，结果如图 4-60 所示。对于其他过于绕远的布线可放置过孔切换布线层做类似修改。

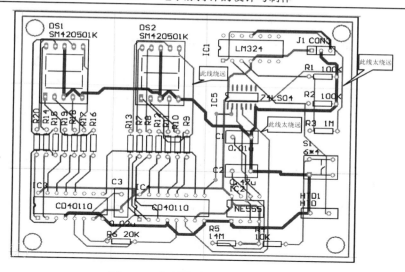

图 4-58　印制电路板自动布线结果

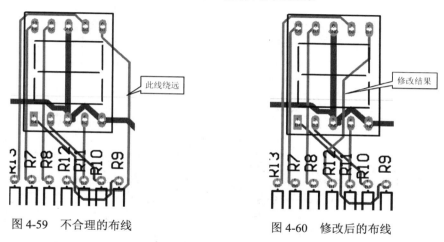

图 4-59　不合理的布线　　　　　　　　　图 4-60　修改后的布线

4. PCB 的完善处理

（1）包地

包地就是在某些选定的网络走线周围特别地围绕一圈接地走线，目的是希望这些网络能够不受噪声的干扰。包地会占用一些印制电路板空间，不可能对所有的网络走线都进行包地操作。通常只对特别重要的输入信号走线或模拟信号走线进行包地。

执行菜单命令"Edit→ Select/Net"切换成选择网络模式，然后使用鼠标左键单击选中要包地的网络走线，单击右键（或按 Esc 键）回到待命状态，再执行菜单命令"Tools→ Outline Selected Objects"即可启动包地操作了。

包地操作只在选择的网络走线外围环绕一圈走线，必须将这圈走线连接到 GND 网络上。操作时，可双击打开包地走线的属性对话框，将其 Net 属性设置为 GND，然后用自动布线功能完成接地操作。由于包地操作占用空间可能会造成违反设计规则（安全间距）的情况发生，必要时应重新调整有关元件或走线的位置。

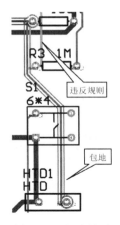

图 4-61　包地结果

本例选择传感器 HTD1 的输入端 Net HTD1_2 网络走线进行包地，但包地后使临近的元件 R3 及其走线产生了违反设计规则（高亮绿色）的现象，如图 4-61 所示，需要调整 R3 的位置及其走线。

（2）对数码管敷铜

为了隔绝噪声信号的干扰，使数码管稳定显示，在两个数码管的区域进行敷铜操作。

（3）调整丝印层元件序号、型号

自动布线后，有的元件序号、型号与走线重合，使整板读图不方便，应重新调整。

通过手工修改走线、敷铜、包地等操作，最终设计的印制电路板如图 4-62 所示。

单击主工具栏中的图标 ■，生成 PCB 双面板的 3D 效果图，如图 4-63 所示。

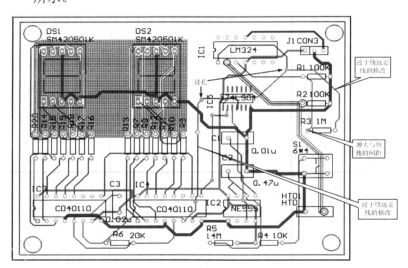

图 4-62　修改后的印制电路板图

（a）元件面（顶层）

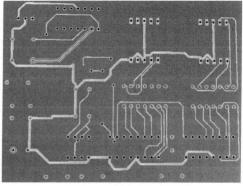

（b）焊接面（底层）

图 4-63　电子脉搏计 PCB 双面板 3D 图

【相关知识】放置过孔、焊盘和尺寸标注

在印制电路板设计与完善过程中，经常需要放置过孔、焊盘和尺寸标注等操作，下面简单介绍一下具体的操作。

1. 放置过孔

单击放置工具栏中的 📌 按钮或者执行菜单命令"Place→ Via"，此时光标变为十字状，同时有一个过孔出现在工作窗口。在此状态下按 Tab 键，弹出"过孔属性"对话框，如图 4-64 所示。对话框中各选项的含义如下。

① Diameter：过孔外轮廓直径大小。

② Hole Size：过孔通孔直径大小。

③ Start Layer：钻孔起始层。

④ End Layer：钻孔结束层。

⑤ Net：过孔所属网络。

在双面板中，某一走线周围被同层导线包围，必须通过放置过孔在顶层和底层之间手动切换布线穿过包围，从而避免走线过于绕远的现象。注意过孔前后布线颜色（红色与蓝色）的变化，过孔要与布线具有相同的网络，如图 4-65 所示为 CPU 网络的放置过孔情况。

图 4-65　"过孔属性"对话框

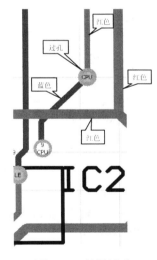

图 4-65　放置过孔

2. 放置焊盘

先将工作层面切换到 Multi Layer（多层）上，单击放置工具栏中的 ⊚ 按钮或执行菜单命令"Place→ Pad"，　此时光标变为十字状并且有一个焊盘黏着在光标上，按下 Tab 键，打开"焊盘属性"对话框，如图 4-66 所示。对话框中各选项的含义如下。

① X-Size：焊盘在水平方向的直径大小。

② Y-Size：焊盘在垂直方向的直径大小。

③ Shape：焊盘外形，有三种，即 Round（圆形）、Rectangle（矩形）和 Octagonal（八角形）。

④ Layer：焊盘所在层，一般都放在多层上。

⑤ Hole Size：焊盘通孔直径大小。

📺 **核心提示**

除了在机械层 1 放置安装孔外，还可以用焊盘作安装螺丝孔。当焊盘作为安装孔时，只要将 X-Size、Y-Size 和 Hole Size 设置为相等值即可。因为当焊盘的通孔与圆外形尺寸相等时，此焊盘就变为纯粹的通孔，这样就可以用螺钉穿过安装孔将 PCB 固定在所需要的位置上了，如图 4-67 所示。

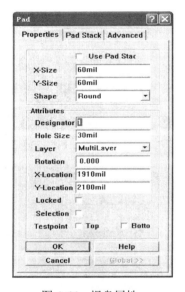

图 4-66　焊盘属性

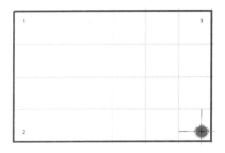

图 4-67　用焊盘作安装孔

3. 放置尺寸标注

将工作层面切换到机械层 1（Mechanical Layer）上，单击放置工具栏中的 按钮或执行菜单命令"Place→Dimension"，此时光标变为十字状，在此状态下按 Tab 键，弹出"尺寸标注属性"对话框，如图 4-68 所示。对话框中各选项的含义如下。

① Height：边界线高度。

② Line Width：边界线线宽。

③ Text Height：尺寸标注文字高度。

④ Text Width：尺寸标注文字线宽。

⑤ Font：字体。

⑥ Layer：所属层。

单击鼠标左键确定一个起始的边界，再拖动鼠标到另一边界结束即可，如图 4-69 所示。尺寸标注主要用于确定元件封装、印制电路板边框的尺寸信息。

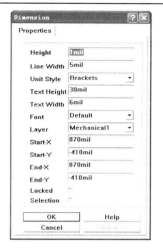

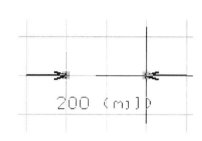

图 4-68　"尺寸标注属性"对话框　　　　　图 4-69　放置尺寸标注

任务 4.3　制作 PCB 的工艺要求

随着电子技术的不断发展，元件的种类越来越多，印制电路板中已普遍采用表贴式器件，因此，在 PCB 设计时不能只是在计算机上凭想象画出印制电路板图，更应与实际制板要求相结合，了解有关实际安装、焊接等制作工艺。

4.3.1　焊盘的选择

焊盘也称为连接盘，是元件封装图的一部分。在 Protel 99 SE PCB 编辑器中，元件引脚焊盘的大小、形状均可重新设置。尽管 PCB 元件封装库中提供了许多标准封装元器件的封装图，似乎可直接引用，无须关心元件焊盘的设置，但有经验的 PCB 设计人员会根据元件在 PCB 上的方向、焊接工艺（回流焊还是手工焊）、焊接质量要求重新编辑标准封装元件的焊盘。

1. 通孔式元件（THC）焊盘

（1）焊盘尺寸

通孔式封装元件包括轴向引线元件（如穿通电阻、电感、DO××封装二极管）和径向引线元件（如穿通封装电解电容、LED二极管等）。穿通元件的焊盘外径 D、孔径 d_1、元件引脚直径 d_2 之间的关系如图 4-70 所示。

在选择焊盘孔径 d_1 的大小时，受以下规则约束。

① 为保证元件插装及焊接质量，孔径 d_1 取元件引脚直径 d_2 最大偏差+（8～20 mil）。

孔径 d_1 太小，过波峰焊时，焊锡不能渗透到元件引脚与焊盘孔之间的缝隙，造成焊接不良，甚至元件引脚无法插入；孔径 d_1 太大，过波峰焊时元件容易倾斜，严重时焊锡从焊盘孔壁与元件引

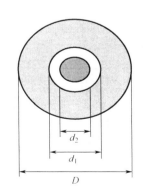

图 4-70　通孔元件焊盘结构

的缝隙溢出，引起元件面内导电图形短路或安全间距小于设定值。例如，某电阻引脚直径为 (1.25 ± 0.05) mm，最大偏差为 1.3mm，则焊盘孔径 d_1 取 1.3mm+0.3 mm（12 mil），即 1.6 mm。当采用机器自动插件时，为避免因偏差造成插装困难，元件引脚直径与焊盘孔径之间的间隙可适当增加，一般孔径 d_1 取引脚直径 d_2 最大偏差 +（16～20 mil）。

② 为方便钻孔或冲孔加工，焊盘孔径 d_1 最小为 16 mil（0.4 mm）或 23.5 mil（0.6 mm）。

③ 由于标准钻头的直径已系列化，因此焊盘孔径 d_1 也只能取标准值，如 8 mil（0.20 mm）、10 mil（0.25 mm）、16 mil（0.40 mm）、20 mil（0.50 mm）、23.5 mil（0.60 mm）、28 mil（0.70 mm）、32 mil（0.80 mm）、36 mil（0.90 mm）、40 mil（1.0 mm）、51 mil（1.3 mm）、63 mil（1.6 mm）、79 mil（2.0 mm）等。

④ 为提高钻孔工效，尽可能采用圆形焊盘孔，避免采用长方形、正方形等其他异形焊盘孔。

为提高焊盘附着力，避免在焊接、维修过程中出现焊盘脱漏，则焊盘外径 D 与焊盘孔径 d_1 之间的关系设置为

$$D = \begin{cases} (1.5\text{～}2)\,d_1\text{（双面板或多层板）} \\ (2\text{～}3)\,d_1\text{（单面板）} \end{cases}$$

对于 DIP 封装的集成电路芯片来说，引脚间距为 100 mil。在默认状态下，焊盘外径为 50 mil（1.27 mm），引线孔径为 28 mil（0.71 mm），当需要在引脚间走一条连线时，最小线宽可取 20 mil（0.508 mm），这时印制导线与焊盘之间的最小距离为 15 mil。在高密度布线情况下，当最小线宽为 10 mil，最小间距也是 10 mil 时，可以在引脚间走两条印制导线。

为提高钻孔效率，降低成本，同一印制电路板上，除了少数大尺寸元件外，元件焊盘孔径应尽可能一致。对于垂直安装的大尺寸元件引脚，可采用异形焊盘（放置敷铜区实现）。

（2）焊盘中心距（跨距）

通孔元件焊盘中心距也称为元件的跨距 L，如图 4-71 所示。

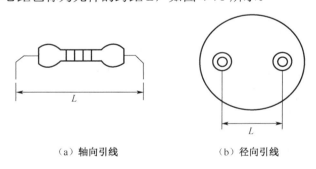

（a）轴向引线　　　　　　　　　（b）径向引线

图 4-71　通孔元件跨距

对于轴向引线元件，如通孔式电阻、二极管、电感等元件，两焊盘中心距应比元件体长 4～6 mm。为提高通孔元件成型工效，除了尽量减少跨距尺寸类型外，还必须采用标准跨距，如 10 mm（适用于 1/8 W 及以下功率电阻）、12.5 mm、15 mm、17.5 mm 等，以便采用标准元件弯脚成型工具。

径向通孔式元件，如电解电容、工字形电感、LED 发光二极管等，这类元件插件时无需弯脚成型，其跨距大小由元件引脚中心距确定，具体参数可通过实物测量，或查阅器件数据手册获得。

2. 贴片元件焊盘

与通孔式元件不同，贴片元件引脚焊盘一般位于元件面内，没有焊盘孔（孔径尺寸为 0）。

标准封装贴片元件的外轮廓、引脚焊盘尺寸等已标准化，采用回流焊时，一般可直接采用 Protel 软件 PCB 库文件提供的封装尺寸。但库文件中标准封装尺寸并不适用于手工焊接，而电子产品在试制过程中，未定型前均需要手工焊接。

（1）SMC 封装元件

SMC 封装元件包括贴片电阻、电容、电感及二极管等。对于 0805 封装贴片电阻、电容，元件长宽为 80 mil × 50 mil，引脚焊盘标准尺寸为 60 mil × 55 mil，两焊盘中心距为 90 mil，由此可推断出两焊盘边距为 $90 - \dfrac{60}{2} \times 2$，即 30 mil（当最小线宽、安全间距均取 15 mil 时，可在引脚间走一条宽度为 15 mil 的导线），放置元件后，焊盘剩余焊接区长度 C 仅为 35 mil，如图 4-72 所示。

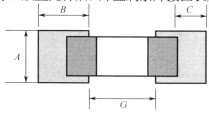

A—焊盘宽度；　B—焊盘长度；　G—焊盘边距；　C—放置元件后焊盘剩余长度

图 4-72　SMC 封装元件焊盘结构

当采用手工推焊时焊盘剩余焊接区长度 C 略显不足，应适当增加焊盘的长度，但不宜减小焊盘边距。如将 0805 封装贴片电阻、电容元件引脚焊盘尺寸改为 65 mil × 55 mil，此时两焊盘中心距为 32.5 + 30 + 32.5=95 mil，以方便手工推焊操作，防止虚焊。常见贴片元件焊盘回流焊尺寸及手工推焊推荐尺寸如表 4-3 所示。

表 4-3　常见 SMC 封装元件焊盘　　　　　　　　　　　　　　　mil

封装规格	回流焊尺寸				手工推焊推荐尺寸			
	焊盘尺寸	焊盘中心距	焊盘边距	剩余焊接区长度	焊盘尺寸	焊盘中心距	焊盘边距	剩余焊接区长度
0402	25×20	50	25	17.5	35×20	60	25	27.5
0603	30×30	55	25	17.5	45×30	75	30	35
0805	60×55	90	30	35	65×55	95	35	42.5
1206	60×60	135	75	37.5	65×60	140	75	42.5
1210	100×60	135	75	37.5	65×100	140	75	42.5

（2）SMD 封装元件

SMD 集成块封装种类很多，包括 SOP、SOIC、SOT、TSSOP、TQFP、LQFP 等。

这类贴片元件焊盘设计总的原则是：焊盘中心距与引脚中心距保持一致；焊盘宽度等于或略大于引脚宽度；焊盘长度 $T = b_1 + L + b_2$，如图 4-73 所示。

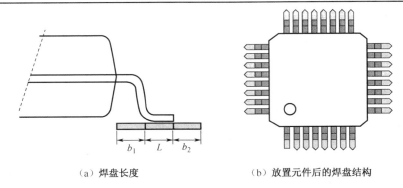

（a）焊盘长度　　　　　　　　　　（b）放置元件后的焊盘结构

图 4-73　QFP 封装元件的焊盘结构

其中焊盘扩展长度 b_1、b_2 与焊接工艺有关，具体情况如表 4-4 所示。在手工焊接操作中，如果 b_2 小于 1.0 mm，则容易出现虚焊，尤其是引脚宽度、间距很小的 TSSOP、QFP 封装芯片，当扩展长度 b_2 小于 1.0 mm 时，实践表明手工焊接可靠性很差。

表 4-4　SMD 封装元件引脚焊盘扩展参数

焊盘扩展参数	回流焊工艺/mm	手工焊/mm
B_1	$b_1=b_2=0.3\sim0.5$	0.5
b_2		$1.0\sim1.2$

为使印制导线与焊盘连接处光滑，避免出现尖角（易引起辐射），对集成芯片来说，除第 1 引脚焊盘外，其他引脚应尽量采用椭圆形焊盘。

3．测试盘

测试盘与一般焊盘类似，但不允许放在穿通元件的焊盘上，否则焊接后其表面不再平整，无法保证探针接触良好。测试盘离元件引脚焊盘之间的距离最好大于 0.3 mm，防止焊接过程中焊锡溢出到测试盘上，破坏测试盘表面的平整性。测试盘间距由测试设备探针最小间距确定，一般不宜小于 0.5 mm，否则测试过程中存在因探针弯曲引起短路的风险。

4.3.2　元件安装工艺的选择

根据多数元件封装方式、PCB 大小、生产成本，选择元件安装工艺，如表 4-5 所示。

对于只有贴片元件（SMC、SMD）的 PCB，优先选择"单面贴片"（仅在元件面内放置元件，采用单面回流焊工艺）；对于单面 PCB，可选择"顶层放 THC，底层放 SMD"（加工顺序为贴片→插件→波峰焊）；对微型电子设备 PCB，可以选择"双面贴片"（顶层作为元器件的主要安装面，底层可放置重量较轻的小元件，采用双面回流焊工艺）。

考虑到生产工艺的复杂性以及焊接质量的可靠性，尽量避免采用双面均含有 SMD + THC 的混装方式。

表 4-5　元件安装工艺

元件种类	安装方式	示意图	适用范围	工艺流程与特点
全贴片元件	单面贴片		单面板、双面板及多层板	刮锡膏→贴片→回流焊。工艺简单，是全贴片 PCB 首选的元件旋转方式
	双面贴片		双面板及多层板	B 面（辅元件面）刮锡膏→贴片→回流焊，翻板→A 面（主元件面）刮锡膏→贴片→回流焊。B 面元件有特殊要求[①]，许 A 面存在少量 THC 元件，回流焊后可手工插件、焊接
SMD+THC 混装	单面 SMD+THC 混装		双面板及多层板	刮锡膏→贴片→回流焊→插件→波峰焊（或手工焊）。工艺简单，是 SMD+THC 混装 PCB 首选的元件放置方式
	A 面 THC，B 面 SMD		单面板	B 面点胶[②]→贴片→固化→A 面插件→波峰焊，是单面 PCB 唯一可选的元件放置方式
	A 面 THC+SMD，B 面 SMD		双面板多层板	A 面（主元件面）刮锡膏→贴片→回流焊→翻板→B 面点胶[②]→贴片→固化→翻板→A 面插件→B 面波峰焊。B 面上元件有特殊要求，回流焊+波峰焊，工艺相对复杂，成本较高，仅用于高密度的 PCB

4.3.3　PCB 的布局原则

1. 元件排列规则

（1）对同一类型电路（指均是数字电路、模拟电路），按信号流向及功能分块、分区放置元器件，并以每个功能块的核心元件为中心，围绕它进行布局，尽量使信号传递保持一致方向。

（2）在 PCB 设计中，如果电路系统同时存在数字电路、模拟电路以及大电流回路，则必须分开布局，使各系统之间的耦合达到最小。

（3）各单元电路、单元内元件位置合理，连线尽可能短；避免信号迂回传送；电位呈梯度变化，避免相邻元件因电位差过大而出现打火现象；优先安排单元内的核心元件、发热量大及对热敏感的元件。

（4）输入信号处理元件、输出信号驱动元件应尽量靠近 PCB 边框，使输入/输出信号走线尽可能短，以减少输入/输出信号可能受到的干扰。

（5）热敏元件要尽量远离大功率发热元件。

（6）PCB 上质量较大的元件应尽量靠近 PCB 固定支撑点，使 PCB 翘曲度降至最小。如果 PCB 不能承受，可把这类元件移出 PCB，安装到机箱内特制的固定支架上。

（7）对于需要调节的元件，如电位器、微调电阻、可调电感等的安装位置应充分考虑整机结构要求；对于需要机外调节的元件，其安装位置与调节旋钮在机箱面板上的位置要一致；对于机内调节的元件，其放置位置以打开机盖后即可方便调节为原则。

2．元件离 PCB 机械边框的距离

元件离 PCB 机械边框的最小距离必须大于 2 mm（80 mil），如果 PCB 安装空间允许，最好保留 5 mm（200 mil）。

3．元件放置方向

在 PCB 上元件一般只能沿水平和垂直两个方向排列，否则不利于元件插件及贴片操作。

（1）对小尺寸、质量较轻的电阻、电容、电感、二极管等元件，无论是贴片封装还是通孔式封装，元件的长轴应与 PCB 传送方向垂直，这样可防止在回流焊接过程中元器件在板上漂移的现象，也避免了过波峰焊时因元件一端先焊接凝固而使器件产生浮高现象，如图 4-74 所示。此外，由于焊接走板方向一般为 PCB 的长边方向，这种排列方式也避免了 PCB 受热翘曲或弯曲变形引起的元件断裂现象。

（2）对于 SOP、QFP、SOT 贴片元件，采用回流焊接时，元件方向与走板方向平行或垂直均不影响焊接质量，但为避免 PCB 弯曲变形造成元件断裂，元件长轴最好与走板方向垂直，如图 4-75 所示。

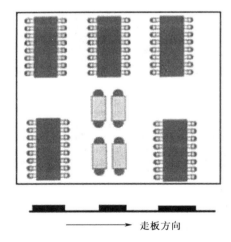

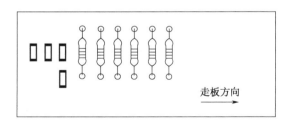

图 4-74　小尺寸轻质量元件轴线与走板方向的关系　　图 4-75　回流焊接元件长轴与走板方向关系

（3）由于波峰焊接阴影效应的存在，SOP、SOT 元件长轴最好与走板方向一致，并在 SOP 元件引脚旁设置偷锡焊盘；DIP、SIP 封装元件的长轴方向最好与走板方向垂直，如图 4-76 所示，避免过波峰焊时引脚出现桥联。

（4）同类元件和极性元件在板上朝向最好一致，以避免贴片、插件过程中引起不必要的错误，如图 4-77 所示。

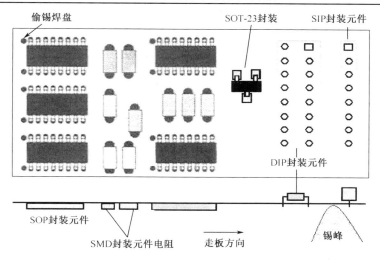

图 4-76　波峰焊接元件长轴与走板方向关系

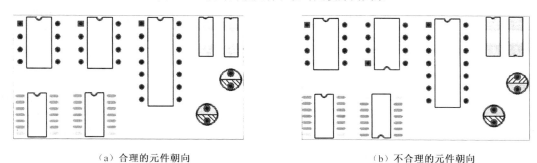

（a）合理的元件朝向　　　　　　　　　　　　（b）不合理的元件朝向

图 4-77　元件朝向的一致性

4．元件间距

对于中等布线密度的 PCB，小功率电阻、电容、二极管、三极管等分立小元件彼此间距与插件、焊接工艺有关。

采用自动贴片 + 回流焊接工艺时，元件最小间距一般取 50 mil（1.27 mm）；采用自动插件 + 波峰焊接工艺时，元件最小间距取 50～100 mil（1.27～2.54 mm）；采用手工插件或手工焊接时，元件间距可略大一些，如 75 mil、100 mil，否则会因元件排列过于紧密，给插件、焊接操作带来不便。大尺寸元件，如集成电路芯片，元件间距一般在 100～150 mil。在高密度印制电路板上，可适当减小元件间距。

（1）插头周围 3mm 范围内不要放置 SMD 封装元件，以避免拔插时 SMD 元件受撞击损坏。

（2）如果板上存在 BGA 封装贴片元件，为便于维修拆卸，其周围 3～5 mm 范围内不应放置元件。在双面贴片工艺中，BGA 封装贴片元件的下方也不允许放置贴片元件，否则在热风加热拆卸过程中，周围及其背面元件可能因受热脱落。

（3）对于发热量大的功率元件，元件间距要足够大，以利于散热，同时也避免通过热辐射相互加热，以提高电路系统的热稳定性。

总之，元件间距要适当。间距太小，插件（贴片）、焊接操作不方便，还不利于散热；间距太大，会造成印制电路板面积迅速扩大，增加成本，还会使连线长度变长，造成印制导线寄生电容、电阻、电感等增大，使系统抗干扰能力变差。

4.3.4　PCB 的布线原则

1．布线层的选用

印制电路板布线可以采用单面板、双面板或多层板，从节约成本考虑，一般应首先选用单面板，其次是双面板，如果还不能满足设计要求时才考虑选用多层板。

2．走线方向与长度、宽度

在双面板上布线时，必须确保两信号层内的印制导线走向相互垂直。任何导线都存在自感 L，导线长度越大、宽度越小，导线自感 L 就越大。因此，在布线过程中，连线要短，即尽可能减小印制导线的长度；只要布线密度允许，线宽应尽可能大，尤其是电源线和地线。

3．最小线宽及最小布线间距的选择

（1）大电流印制导线宽度选择原则

同一印制电路板内，电源线、地线、信号线三者的关系是地线宽度＞电源线宽度＞信号线宽度。

线宽太小，则印制导线寄生电阻大，会影响电路性能，严重时会使印制导线发热而损坏；相反，印制导线太宽，则布线密度低，不利于小型化。

（2）小电流信号线的选择原则

在低压或小电流数字电路中，最小线宽、最小线间距受 PCB 工艺、可靠性等因素制约，原则上可按表 4-6 选择。

表 4-6　小电流 PCB 上最小线宽与最小线间距

布线密度	最小线宽/mil	最小线间距/mil	特点
低密度 PCB	15	15	可在间距为 10mil、焊盘直径为 50mil 的 DIP 封装的两焊盘间走 1 条导线。线条宽度较大，可靠性高
中等密度 PCB	10	10	可在间距为 100mil、焊盘直径为 50mil 的 DIP 封装的两焊盘间走 2 条导线。线条宽度适中，可靠性较高
高密度 PCB	6～7	6～7	可在间距为 100mil、焊盘直径为 50mil 的 DIP 封装的两焊盘间走 4 条导线。线条宽度很小

4．印制导线宽度与焊盘直径之间的关系

印制导线宽度除了与电流容量相关外，还与焊盘直径有关，设置不当极易造成虚焊。

印制导线宽度 W 与焊盘直径 D 的关系为

$$W = \frac{1}{3}D \sim \frac{2}{3}D$$

焊盘孔径 d 既与元件引脚大小有关，又与印制导线宽度 W 有关。为避免焊盘孔处导线有效宽度不足，三者之间应满足

$$D - d \geqslant W$$

典型焊盘尺寸与最大印制导线宽度的关系如表 4-7 所示。

表 4-7　焊盘直径与最大印制导线宽度关系

焊盘/mil		导线宽度/mil		焊盘/mil		导线宽度/mil	
直径	孔径	范围	典型值	直径	孔径	范围	典型值
40(1.02)	20(0.51)	7～20	10	70(1.77)	47(1.20)	25～50	35
45(1.15)	23.5(0.60)	10～25	15	75(1.90)	51(1.30)		
50(1.28)	28(0.71)	15～35	30	85(2.16)	55(1.40)	30～55	40
50(1.27)	31.5(0.80)			95(2.41)	60(1.50)	35～60	45
55(1.40)	35(0.90)			110(2.80)	63(1.60)	40～65	50
62(1.57)	37(0.95)	20～40	30	125(3.12)	75(1.90)	45～85	65
65(1.65)	40(1.00)			150(3.81)	85(2.16)	50～100	75

5．印制导线走线控制

（1）印制导线转角

印制导线转折点内角不能小于 90°，避免在转角处出现尖角，一般应选择 135° 转角或圆角，如图 4-78 所示。由于工艺原因，在印制导线的小尖角处，电阻增加，极易产生电磁辐射，正因如此，在高频电路中的导线转角尽可能采用圆角。

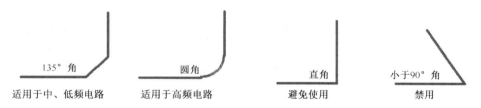

135° 角　　　　　　　　圆角　　　　　　　　直角　　　　　　小于 90° 角

适用于中、低频电路　　适用于高频电路　　　避免使用　　　　　禁用

图 4-78　走线转角方式

（2）焊盘、过孔处的连线

对于圆形焊盘、过孔来说，必须从焊盘中心引线，使印制导线与焊盘或过孔交点的切线垂直，如图 4-79 所示。

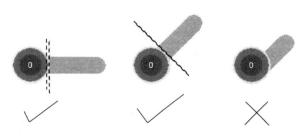

图 4-79　圆形焊盘、过孔处的引线方式

在方形焊盘处引线时，导线与焊盘长轴方向最好相同，以保证导线与焊盘可靠连接。

（3）避免走线分支

在连线过程中，尽量避免走线出现分支，以降低电磁干扰。例如，在图 4-80（a）中的地线 GND 就存在分支，修改后如图 4-80（b）所示。

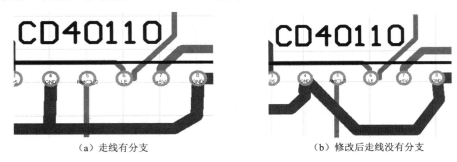

（a）走线有分支　　　　　　　　　　　（b）修改后走线没有分支

图 4-80　走线分支的修改

【综合训练】绘制实验印制电路板图

尽管 Protel 99 SE 提供了强大的自动布线功能，但对于一些规模不大的印制电路板（如实验板、电子制作开发板等），有经验的绘图人员往往都是采用自动布局、交互式手工布线（不用自动布线）的方法，这样不仅可以增加电路走线的美观，还能大大提高布线的可靠性。

通过本例练习能进一步巩固本项目的知识内容，拓展实践技能。

1. 设计思路及要求

实验印制电路板图与一般印制电路板图的区别是，实验印制电路板图中的元器件封装尽量与原理图符号一致，元器件的摆放位置应该与原理图一致，在印制电路板图上要有原理图元件符号的显示，所以设计时有一些特殊要求。

要求：绘制与图 4-81 所示的电路图对应的实验印制电路板图（图 4-82）。

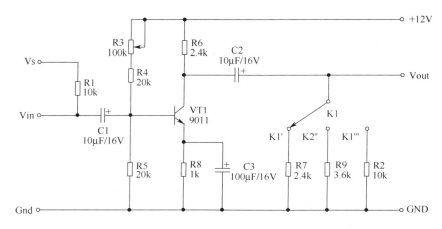

图 4-81　共射极单管放大器实验电路原理图

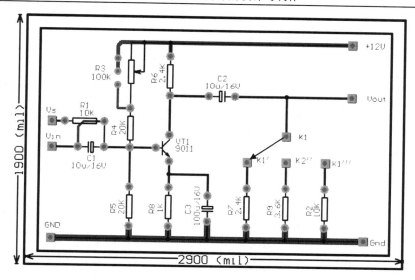

图 4-82 共射极单管放大器实验印制电路板图

（1）印制电路板尺寸：宽 2900mil、高 1900mil。

（2）绘制单面板。

（3）信号线宽 20mil、VCC 网络线宽 30mil、GND 网络线宽 50mil。

单管放大器实验电路的元件属性表如表 4-8 所示。

表 4-8 单管放大器实验电路的元件属性

Used	Part Type	Designator	Footprint
1	1kΩ	R8	AXIAL0.4
2	2.4kΩ	R6、R7	AXIAL0.4
1	3.6kΩ	R9	AXIAL0.4
2	10kΩ	R1、R2	AXIAL0.4
2	10μF/16V	C1、C2	自制
2	20kΩ	R4、R5	AXIAL0.4
1	100kΩ	R3	自制
1	100μF /16V	C3	自制
1	9011	VT1	自制
8	JP（引出端）	Gnd 、K1、K1'、K1'''、K2''、Vin 、Vout、Vs、+12V	自制

学习重点：

（1）在实际 PCB 设计中自动布局、手工调整布局和手动布线。

（2）原理图元器件符号的绘制与使用。

（3）PCB 元器件封装符号的绘制与使用。

（4）自动生成焊盘作引出端。

（5）在手工布线时充分利用自动布线规则。

（6）在印制电路板图上显示电路原理图。

2. 准备工作

（1）自制元器件符号

在图 4-81 所示的电路原理图中，可调电阻 R3 符号和引出端符号需要自行制作。

① 在 Windows 环境下建一个文件夹，本例的所有文件都放在该文件夹下。

② 在该文件夹下创建一个数据库 MY.ddb，将本例的所有文件均建在 MY.ddb 中。

③ 在 MY.ddb 中，新建一个原理图库文件，命名为 MYSCH.lib。

④ 打开原理图库文件，制作如图 4-83 所示的可调电阻的元件符号，制作完成进行保存。

⑤ 打开原理图库文件，制作如图 4-84 所示的引出端的符号，制作完成进行保存。

图 4-83　可调电阻电路符号　　　　　　图 4-84　引出端符号

可调电阻的电路符号参数如表 4-9 所示。

表 4-9　可调电阻参数

矩形轮廓：长 40 mil，高 8mil			
引脚参数			
Display Name（显示名称）	Designator（设计标志）	Electrical Type（电气类型）	Length（引脚长度）
1	1	Passive	10
2	2	Passive	10
3	3	Passive	10

绘制时注意以下三个方面：

① 电阻体可以使用绘图工具栏上的"直线"图标 ╱ 进行绘制。在绘制前应该设置捕捉栅格（Snap）的值为 2mil。

② 引脚按图 4-83 所示放置，图 4-83 中所示的引脚号是为了让读者看清楚而专门显示的，设置完后应将其隐藏，引脚要放置在栅格上。

③ 符号中的箭头可以使用绘图工具栏上的"三角形"图标 ◺ 进行绘制，然后将箭头内填充颜色改为蓝色（229 号）。如果箭头不能画得很小，可以将 Snap 的值设置为 1。

（2）自制元器件封装

从表 4-8 中可以看出，有 4 种元件封装需要绘制。根据实验板的特点，将元器件封装设计为与元器件符号相同。

① 可调电阻 R3 封装。焊盘间距为 120mil，焊盘直径为 70mil，焊盘孔径为 35mil，焊盘符号分别为 1、2、3，1#焊盘设置为方形（Rectangle），2#焊盘为可调电阻滑动端，应放在中间位置，如图 4-85 所示。

② 电解电容封装。两个焊盘间的距离为 200mil，焊盘直径为 70mil，焊盘孔径为 35mil，焊盘号分别为 1、2，1#焊盘为正，如图 4-86 所示。

③ 三极管封装。焊盘直径为 55mil，焊盘孔径为 30mil，焊盘号发射极为 1、基极为 2、

集电极为 3，2#焊盘与 1#焊盘的水平距离为 110mil，3#焊盘与 1#焊盘的垂直距离为 140mil，如图 4-87 所示。

④ 引出端的封装。采用方形焊盘，直径为 70mil，焊盘孔径为 35mil，如图 4-88 所示。

图 4-85　可调电阻封装

图 4-86　电解电容封装

图 4-87　三极管封装　　图 4-88　引出端封装

所有自制元件封装都保存在 MYPCB.lib 封装库中。

3．绘制原理图

（1）加载自制原理图元件库。

（2）将上面的 4 个封装名称添加到相应的原理图元器件符号 Footprint 栏中。

（3）电路图中的 K1 与 K1′、K2″、K1‴之间的连接示意（K1 与 K1'之间的箭头）要用绘图工具栏的直线图标／绘制，不要用导线≋绘制。

4．绘制印制电路板图

（1）绘制物理边界和电气边界

在 Mechanical4 Layer（机械层 4）绘制物理边界。单击"原点"按钮⊠出现十字光标，将光标放置到自己确定的原点位置。单击"尺寸标注"按钮✎出现十字光标，将光标移动到参考原点，单击鼠标左键，以参考原点为始点分别在水平方向和垂直方向上画出 2900mil 和 1900mil 的尺寸标注，从而确定印制电路板的物理尺寸。

单击"画线"按钮≋出现十字光标，将光标移动到参考原点，单击"确定"按钮开始画线，沿着标注尺寸画出 PCB 的物理边框图，如图 4-89 所示。

按照绘制物理边框的方法，在 Keep Out Layer（禁止布线层）绘制电气边界，电气边界可以稍小于物理边界，如图 4-90 所示。

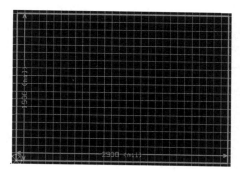

图 4-89　绘制印制电路板的物理边框

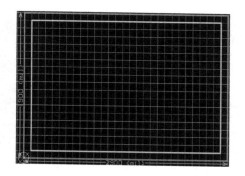

图 4-90　绘制电气边界

（2）更新导入数据

将当前画面切换到原理图文件中，执行菜单命令"Design→Update PCB…"后，弹出 Target documents（目标文件）对话框，单击其中的"绘图.pcb"将其选中，再单击 Apply（应用）按钮，弹出 Synchronization 对话框，将 Components 选项里面的两个选项分别打√，其他默认。

经检查后显示有错误，则在 Error 列的相应行显示 "Error"，此时不能进行以后的操作，要根据 "Error" 中的提示找到错误原因，返回到原理图中进行修改。经修改并保存后，再重新执行更新导入数据的操作，确定没有错误后单击 Execute 按钮。

更新装入元器件封装与网络后的情况如图 4-91 所示。

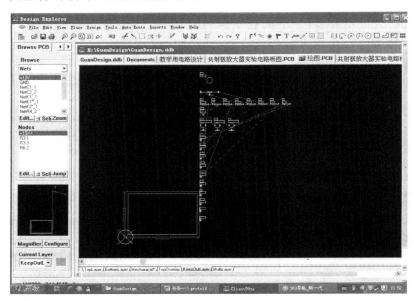

图 4-91　更新装入元器件与网络后的结果

（3）自动布局

首先将元器件装入电气边界后，将原先放置的器件的空间（单元房间区域）删除；然后执行菜单命令 "Tools→Auto Placement/Auto Placer"，在弹出的 Auto Placer（自动布局方案设置）对话框中选择 Cluster Placer（群集式布局方式），并选中 Quick Component Placement 复选框进行快速布局。

自动布局的结果如图 4-92 所示。

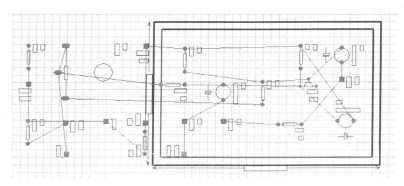

图 4-92　自动布局的结果

（4）手工调整布局

因为是实验板，所以元器件位置要按照电路图中的位置和元器件间的飞线进行调整。手工调整布局的结果如图 4-93 所示。

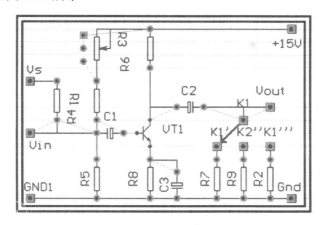

图 4-93　手工调整布局的结果

（5）设置布线规则

本例虽然采用交互式手工布线，但是也要最大限度地利用系统提供的各项功能，以简化操作，这里主要设置的是线宽。因为要求信号线宽为 20mil，电源网络线宽为 30mil，接地网络线宽为 50mil，所以在画线前应该按照要求设置线宽规则，以便在画线时无须再对每个网络、每个连线设置线宽，又不容易出错。

（6）手工绘制铜膜导线

因为连线较少，所以本例采用单面板，在 Bottom Layer 工作层绘制铜膜导线。

单击 Bottom Layer 工作层标签，将当前层设置为 Bottom Layer；使用"交互式布线"图标 进行绘制。在绘制时，应该注意在焊盘处作为导线的起点或终点时，都应该在焊盘中心位置开始或结束绘制。

因为前面已经设置了线宽，所以绘制时系统会自动按照线宽要求确定不同网络的线宽，无须再进行设置。

（7）在顶层丝印层再绘制一遍连线

在实验板图中，电路连接不仅要与原理图一致且必须醒目，因此，要在顶层丝印层（Top Overlayer）按照原理图再绘制一次各元器件之间的连接，这样做的效果仿佛将原理图印在印制电路板图上。

首先单击 Top Overlayer 工作层标签，将当前层设置为 Top Overlayer（顶层丝印层），然后使用"绘制连线"图标 进行绘制。在绘制时应注意，因为信号线宽是 20mil，所以应将连线的属性设置为 20mil；在绘制电源网络线时，要将其线宽设置为 30mil；在绘制接地网络线时，要将其线宽设置为 50mil。因为丝印层连线不具有电气特性，所以之前设置的线宽规则不起作用。

最后在 Top Overlayer 工作层绘制输出端到负载电阻之间（K1 与 K1'之间）的箭头。

全部绘制完毕的单管放大器实验板如图 4-94 所示。

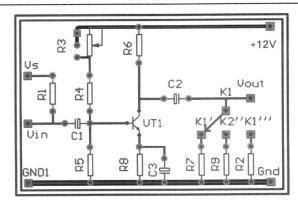

图 4-94   单管放大器实验板图

5．印制电路板图的 3D 显示

单管放大器印制电路板的 3D 预览图如图 4-96 所示。在管理器 Browse PCB3D 标签下的 Display 区域中共有 4 个选项，每个选项决定了 3D 预览文件中的内容。

（1）Component：显示元器件的封装立体图。

（2）Silkscreen：显示丝印层的元器件封装符号。

（3）Copper：显示铜膜导线。

（4）Text：显示丝印层的字符。

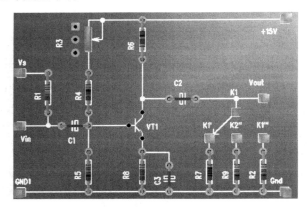

图 4-95   单管放大器印制电路板的 3D 预览图

6．综合训练成绩评定表

训练内容		训练任务成绩			
		训练表现	训练过程	训练结果	评定等级
实验板原理图设计					
元器件封装修改					
实验板手工绘制					
班级		学号		姓名	教师签名

※评定等级分为优秀、良好、及格和不及格。

项目小结

本项目主要介绍了电子脉搏计印制电路板的设计过程，要求掌握以下主要内容。

（1）层次电路原理图的绘制方法，了解方块图、电路端口、总线、网络标号等概念。

（2）用更新导入的方法设计 PCB。

（3）用较复杂电路手工布局调整方法如何精确排列元器件。

（4）印制电路板边框的标准系列。

（5）利用过孔手动修改不合理的布线，了解包地的概念。

（6）印制电路板的制作工艺要求。

本项目的重点为层次原理图的绘制方法，难点为 PCB 手动布局与布线的调整。通过本项目的学习能进一步提培养职业技能，增强实践创新能力。

训练题目

1．图 4-96 所示为±5V 直流稳压电源电路原理图，元件属性列表如表 4-10 所示，自制元件封装尺寸如图 4-97 所示。

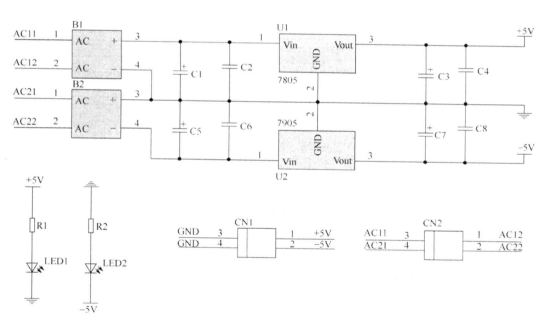

图 4-96　直流稳压电源电路原理图

（1）合理规划印制电路板边框尺寸。

（2）自动布局、手工调整。

（3）手动布线，线宽一律为 30mil，布线结果如图 4-98 所示。

表 4-10　直流稳压电源电路元件属性列表

元件类别	元件名称	元件序号	元件封装	所属 PCB 库
电容	CAP	C2、C4 、C6、C8	RAD0.1	Advpcb.ddb
电解电容	ELECTRO1	C1、C5	RB.2/.4	
电阻	RES2	R1、R2	AXIAL0.4	
端口	自制	CN1、CN2	HDR2X2	Headers.ddb
电解电容	ELECTRO1	C3、C7	RB.1/.2（自制）	自制封装库 MyPCB.lib
发光二极管	LED	LED1、LED2	LED（自制）	
桥堆	BRIDGE2	B1、B2	BRG（自制）	
集成稳压块	VOLTREG	U1、U2	VOLG（自制，带散热片）	

（a）VOLG 封装图

（b）BRG 封装图

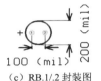
（c）RB.1/.2 封装图

（d）LED 封装图

图 4-97　自制封装图

2．为了大幅度减小 PCB 尺寸，可用贴片元件设计单管放大电路，原理图如图 4-99 所示，元件属性列表如表 4-11 所示。

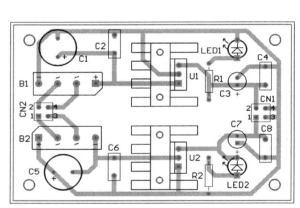

图 4-98　直流稳压电源 PCB 图

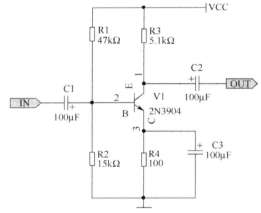

图 4-99　单管放大电路

（1）印制电路板尺寸规划：17mm×13mm。

（2）由于元件较少，可采用手工布局、手工布线的方法进行 PCB 设计。

（3）由于是贴片元件，所以工作层设置在顶层（Top Layer），所有连线均在顶层连接。

（4）连线线宽 0.4mm；标注字符尺寸高 0.6mm，宽 0.1mm；引出端焊盘直径 1.2mm，焊盘孔径 0.6mm，工作层设置为 Top Layer。

布线后的 PCB 如图 4-100 所示。

表 4-11　贴片式单管放大器元件属性列表

元件类别	元件名称	元件序号	元件封装	所属 PCB 库
电解电容	ELECTRO1	C1、C2、C3	0805	Advpcb.ddb
电阻	RES2	R1、R2	0402	
三极管	2N3904	V1	SOT-23	

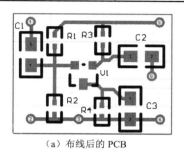

（a）布线后的 PCB

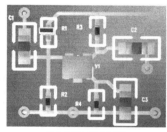

（b）PCB 的 3D 图

图 4-100　采用贴片元件设计的单管放大电路 PCB

3．音响功放电路的设计。

（1）自顶向下层次原理图的绘制。其中主电路如图 4-101 所示，各子电路如图 4-102 所示。

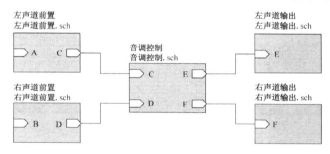

图 4-101　功放电路主电路图

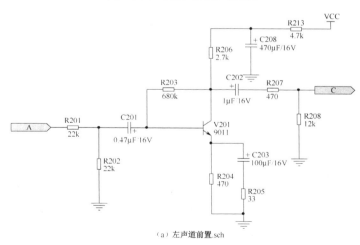

（a）左声道前置.sch

图 4-102　功放电路的各子电路图

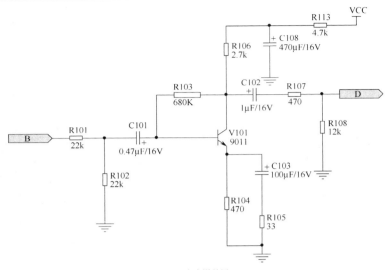

（b）右声道前置.sch

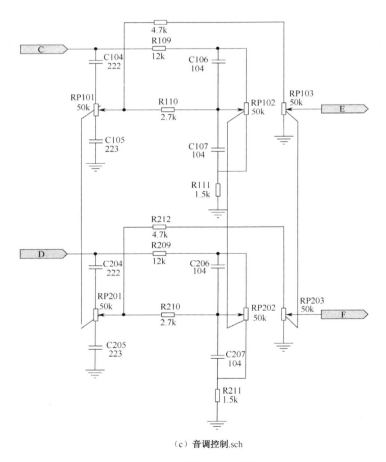

（c）音调控制.sch

图 4-102　功放电路的各子电路图（续）

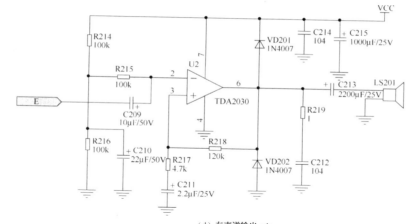

（d）左声道输出.sch

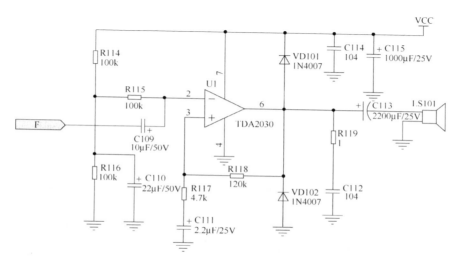

（e）右声道输出.sch

图 4-102　功放电路的各子电路图（续）

（2）在主电路和子电路之间切换，检查各连接关系是否正确。

（3）自动布线完成双面板设计。

4．直流电机 PWM 调速电路的设计。

（1）将图 4-103 所示的基于单片机的直流电机 PWM 调速电路绘制成层次原理图。

（2）准备工作：查找资料整理出元件属性列表，自制有关元器件符号和封装。

（3）通过自动布线及手工调整的方式完成基于单片机的直流电机 PWM 调速电路的双面板图的设计任务。

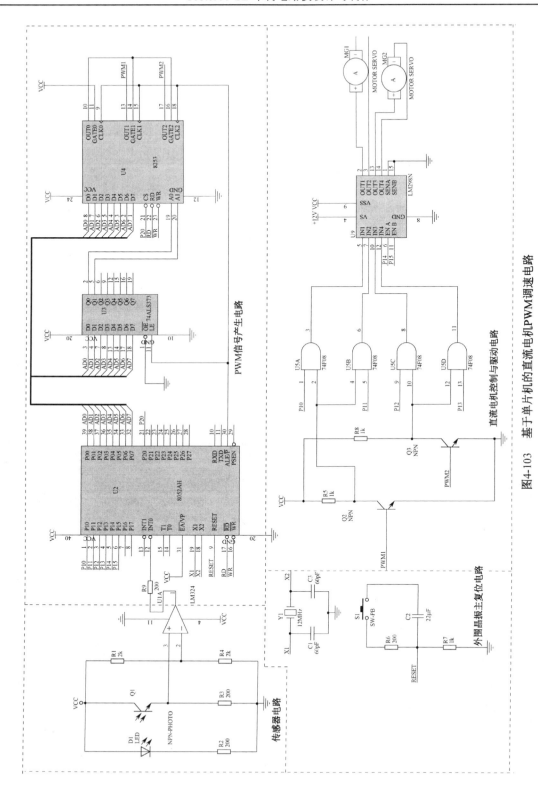

图 4-103　基于单片机的直流电机 PWM 调速电路

训练题目成绩评定表

训练题目		训练成绩			
		训练表现	训练过程	训练结果	评定等级
1					
2					
3					
4					
班级		学号		姓名	教师签名

※评定等级分为优秀、良好、及格和不及格。

技　能　考　核

考核 1　基本技能测评

说明：每小题 1 分，共 100 分。答完后对照答案，检查一下自己 Protel 软件的掌握情况。

1. 单项选择题（30 分）

（1）Protel 99 SE 是（　　　）设计软件。

  A．电气工程   B．机械工程   C．建筑工程   D．电子线路

（2）在 Protel 99 SE 中，执行菜单命令"File→New…"，选择相应的文件类型，此时一般采用缺省（默认）文件名作为设计文件名，默认的原理图文件名为（　　　）。

  A．Sheetn.Sch B．PCBn.PCB   C．Schlibn.Lib   D．PCBLIBn.LIB

（3）在 Protel 99 SE 原理图编辑器中，执行菜单命令"Design→Options…"，在 Sheet Options 标签内单击 Girds 选项框内的 Visible 项即可设置栅格的大小。默认值为（　　　）。

  A．5   B．10   C．100   D．1000

（4）放置元件操作过程中，调出元件属性的按键是（　　　）。

  A．Alt 键   B．Tab 键   C．Shift 键   D．Ctrl 键

（5）在编辑原理图过程中，放置 I/O 端口可单击画线工具栏的（　　　）工具。

  A．Place Port B．Place Bus   C．Place Part   D．Place Power Port

（6）在电气法测试结果中，原则性错误是（　　　）。

  A．Error   B．Floating input pins

  C．Warning   D．Unconnected net labels

（7）布线模式就是设置焊盘之间的连线方式，对于整个印制电路板，选择模式一般为（　　　）。

  A．最短布线   B．星形   C．菊花链状   D．水平

（8）在编辑原理图"纸张"选项中的 Sheet 用于选择图纸底色，默认为（　　　）。

  A．白色   B．黑色   C．淡黄色   D．蓝色

（9）在 Protel 99 SE 原理图编辑器中的光标形状和大小的选择上，在元件移动、对齐操作的过程中，为准确定位，常采用（　　　）。

  A．Small Cursor 90   B．Large Cursor 90

  C．Small Cursor 45   D．随意

（10）在 Protel 99 SE 原理图编辑器中，画线（Wiring Tools）工具栏内导线宽度选择中等线应为（　　　）。

  A．Smallest   B．Small   C．Medium   D．Large

（11）元件的自动编号，其操作方法是执行 Tools 菜单下的（　　　）命令。

A. Annotate
B. Back Annotate
C. Database Links
D. Complex To Simple

（12）在 PCB 上，测量单位可以选择公制或英制，选择公制时，长度计量单位的尺寸为（   ）。

A. km
B. m
C. cm
D. mm

（13）自动布局是执行 Tools 菜单下的（   ）命令。

A. Auto Placement
B. Interactive Placement
C. Un-Route
D. Re-Annotate…

（14）在 PCB 中选择印制导线转角模式中可以选择45°（默认设置）、90°（直角）、Rounded（圆角）中的一种，其中最常用的模式是（   ）。

A. 45°
B. 90°
C. Rounded
D. 任意

（15）完成了印制电路板设计后，执行菜单命令"Tools→Design Rule Check…"，在 Report 检测方式中选择"在印制电路板上标记违反设计规则"复选框，使不满足设计规则的连线、焊盘等均被打上标记，显示的颜色为（   ）。

A. 绿色
B. 红色
C. 蓝色
D. 黄色

（16）在 Protel 99 SE 原理图编辑器中的光标形状和大小的选择上，在放置总线分支时，为准确定位以避免45°光标与总线分支重叠可选用（   ）。

A. Small Cursor 90
B. Large Cursor 90
C. Small Cursor 45
D. 随意

（17）在 Protel 99 SE 原理图编辑器中的光标形状和大小的选择上，在连线、放置元件等操作过程中，为准确定位更容易看清当前光标的位置可选择（   ）。

A. Small Cursor 90
B. Large Cursor 90
C. Small Cursor 45
D. 随意

（18）（   ）层用于设定印制电路板的电气边界，此边界外不会布线。

A. 机械
B. 禁止布线
C. 阻焊
D. 丝印层

（19）PCB 中元件布局时要保证元件离印制电路板机械边框最小距离必须大于（   ）。

A. 1mm
B. 2mm
C. 4mm
D. 5mm

（20）在自动布线前要对布线宽度进行设置，线宽选择依据是流过导线的电流大小、布线密度以及印制电路板生产工艺，在安全间距许可的情况下导线宽度越大越好，默认时，最小、最大线宽均为（   ）。

A. 8mil
B. 10mil
C. 15mil
D. 30mil

（21）印制电路板图的常用库文件是（   ）。

A. Intel Databooks.ddb
B. TI Databooks.ddb
C. Simulation Models.ddb
D. Advpcb.ddb

（22）在原理图上添加说明性的多行文字使用的工具是（   ）。

A. 文本框
B. 文本
C. 元件
D. 总线

（23）Protel 99 SE PCB 支持信号层最多为（   ）。

A. 2
B. 8
C. 16
D. 32

（24）在原理图设计中，使元器件在水平方向左右翻转的快捷键是（   ）。

    A．X 键　　　　　　　B．Y 键　　　　　　　C．L 键　　　　　　　D．Space 键

（25）PCB 设计中印制电路板的标注尺寸、边框等信息所用的工作层是（　　　）。

    A．顶层　　　　　B．底层　　　　　C．丝印层　　　　　D．机械层

（26）原理图绘制中元件之间连接应使用的工具为（　　　）。

    A．Line（连线）　　　　　　　　　　B．Wire（导线）

    C．NetLabel（网络标号）　　　　　　D．Port（端口）

（27）在设计印制电路板图中，焊盘一般放置的层为（　　　）。

    A．Keep Out Layer　　　　　　　　　B．Drill Ruide

    C．Multi Layer　　　　　　　　　　　D．Top Layer

（28）DIP 封装的集成电路芯片，引脚间距是（　　　）。

    A．100mil　　　　　B．70mil　　　　　C．20mil　　　　　D．10mil

（29）在 Protel 99 SE 的设计环境中，删除文件使用 File 菜单下的（　　　）。

    A．Open 命令　　　B．Delete 命令　　　C．Close 命令　　　D．Exit 命令

（30）向原理图上放置元器件前必须先（　　　）

    A．打开浏览器　　　　　　　　　　　B．装载元器件库文件

    C．打开 PCB 编辑器　　　　　　　　　D．创建设计数据库文件

2．填空题（70 分）

（1）CAD 是_____的简称。

（2）通过 Create Sheet From Symbol 命令可由_____生成原理图。

（3）Protel 99 SE 中编辑电原理图时要删除多个对象，可先将多个对象选中后，执行 Edit 菜单下的_____命令。

（4）Protel 99 SE 中文件管理器命令_____可生成一个新的设计数据库。

（5）在 Protel 99 SE 的设计环境中，删除文件使用 File 菜单下的_____命令。

（6）将鼠标移到"文件列表"对话框内待复制的源文件图标上，单击鼠标右键，指向并单击快捷菜单内的 Cut（剪贴）命令，粘贴操作后，相当于进行了_____。

（7）Protel 99 SE 中的 1mil 等于_____mm。

（8）当需要彻底删除或从回收站内恢复某一文件时，在"设计文件管理器"窗口内双击 Recycle Bin（回收站）文件夹，在"回收站"窗口内，指向并单击目标文件后，再执行 File 菜单下的_____命令将目标文件永久删除。

（9）进入原理图编辑状态后，"设计文件管理器"窗口内的 Explorer 标签右侧将出现_____标签。

（10）建立在同一文件夹下的原理图文件，如 Sheet1.Sch、Sheet2.Sch 彼此之间并不关联，除非按_____规则来组织同一文件夹内的原理图文件。

（11）单击 View 菜单下的_____命令可允许或禁止显示可视栅格。

（12）在原理图设计中，使元器件沿逆时针方向旋转 90° 的快捷键是_____键。

（13）轴向引线电阻器的封装形式是_____。

（14）原理图绘制中放置总线命令是_____。

（15）设置端口电气特性为输入端口时，应在属性窗口 I/O Type 中选择_____。

（16）在原理图窗口内执行 Design（设计）菜单下的_____命令，即可将原理图内的元件封装形式、电气连接关系更新到同一设计数据库文件包内的 PCB 文件中。

（17）Protel 99 SE 中通过_____可以方便、快捷地管理设计项目中数目庞大的不同类型的设计文件。

（18）在 Protel 99 SE 状态下，如果只需关闭设计数据库（.ddb）中某一特定设计文件时，只能通过当前编辑器窗口内 File 菜单下的_____命令关闭当前正在编辑的文件。

（19）当需要彻底删除或从回收站内恢复某一文件时，在"设计文件管理器"窗口内双击 Recycle Bin（回收站）文件夹，在"回收站"窗口内，指向并单击目标文件后，再执行 File 菜单下的_____命令将恢复目标文件。

（20）进入原理图编辑状态后，单击键盘上的 Page Up、Page Down 键放大、缩小原理图编辑区，直到出现大小适中的可视_____以便操作。

（21）在 Protel 99 SE 中，通过设计文件管理器切换文件非常方便，单击工作窗口上的_____，即可切换到相应文件的编辑状态。

（22）键盘上对绘图区进行缩小的快捷键是_____。

（23）单击 View 菜单下的_____命令可允许或禁止锁定栅格。

（24）在原理图设计中，使元器件在水平方向左右翻转的快捷键是_____键。

（25）在原理图上添加说明性的多行文字使用的工具是_____。

（26）Protel 99 SE 中的 100mil 等于_____mm。

（27）Protel 99 SE PCB 支持信号层最多为_____。

（28）在设计印制电路板图中，焊盘一般放置在_____层。

（29）印制电路板图的常用库文件是_____。

（30）DIP 封装的集成电路芯片，引脚间距是_____mil。

（31）在 Protel 99 SE "设计文件列表"窗口内，单击设计数据库文件中各文件夹前的小方块即可_____文件夹内的文件目录结构。

（32）在"设计文件管理器"窗口内直接单击_____时，即可迅速打开文件夹，或切换到相应设计文件的编辑状态。

（33）当文件处于关闭状态时，将鼠标移到需要删除的设计文件上，按鼠标左键不放，直接将文件移到_____内可迅速删除该文件。

（34）当需要彻底删除或从回收站内恢复某一文件时，在"设计文件管理器"窗口内双击 Recycle Bin（回收站）文件夹，在"回收站"窗口内，指向并单击目标文件后，再执行 File 菜单下的_____命令将永久删除回收站内的所有文件。

（35）键盘上对绘图区进行放大的快捷键是_____。

（36）原理图编辑器提供了多种工具栏，默认仅打开主工具栏（Main Tools）、画线（Wiring Tools）工具栏、画图（Drawing Tools）工具栏，需要时可通过 View 菜单下的_____命令打开或关闭其他的工具栏。

（37）Protel 99 SE 中的 2.54mm 等于_____mil。

（38）Title Block 用于选择图纸标题栏样式，SCH 编辑器提供了_____和 ANSI（美国国家标准协会制定的标题栏格式）两种形式的图纸标题栏。

（39）单击 View 菜单下的_____命令可打开或关闭电气节点自动搜

索功能。

（40）分立元件如电阻、电容、三极管等电气图形符号存放在 C:\Program Files\Design Explorer99 SE\Library\Sch\Miscellaneous Devices .ddb 数据库文件包内的_____库文件中。

（41）印制电路板丝印层（Silkscreen）一般放置的层是_____。

（42）为了确保元器件之间正确连接，在放置、移动元件操作时，必须保证彼此相连的元件引脚端点间距不小于 0，即两元件引脚可以相连或相离（靠导线连接），但不允许_____。

（43）设置端口电气特性为输出端口时，应在属性窗口 I/O Type 中选择_____。

（44）编辑印制电路板图时，放置焊盘的工具为 Place 菜单下的_____。

（45）网络表扩展名为_____。

（46）在连线操作过程中，当两条连线交叉或连线经过元件引脚端点时，SCH 编辑器会自动在连线的交叉点上放置一个_____，使两条连线在电气上相连。

（47）单击 View 菜单下的 VisibleGrid 命令可以允许或禁止_____。

（48）在设计原理图时，图纸的设置方向有水平方向和_____方向。

（49）放置元件操作过程中，按下_____键可调出"元件属性"窗口。

（50）Protel 99 SE 主画面中 File 菜单下_____命令可生成一个新的设计数据库。

（51）系统提供了两种度量单位，即英制和_____。

（52）通过 Create Sheet From Symbol 命令可由方块电路生成_____。

（53）在完成原理图的编辑、检查后，通过 Design 下的 Create Netlist…生成_____文件。

（54）瞬态特性分析可以获得电路中各节点对地电压、支路电流等信号的_____
_____。

（55）对于没有布线区边框 PCB 文件，可以先执行"Update PCB…"命令，再用"导线"、"圆弧"等工具在 Keep Out Layer 内画出一个_____，作为印制电路板布线区。

（56）在编辑电原理图时，连线时一定要使用_____工具栏中的导线。

（57）Protel 99 SE 编辑电原理图时，将电源、地线视为一个元件，通过电源和地线的_____来进行区分。

（58）在电气法测试结果中包含两类错误，其中 Warning 是警告性错误，而_____是致命性错误。

（59）在画 PCB 图时，Keep Out Layer 是_____层，一般在该层内绘出印制电路板的布线区，以确定自动布局、布线的范围。

（60）ERC 表是_____规则检查表，用于检查电路图是否有问题。

（61）在编辑原理图过程中，单击画线工具栏中的_____工具放置 I/O 端口。

（62）布线模式就是设置焊盘之间的连线方式，对于整个印制电路板，一般选择_____模式。

（63）在编辑原理图过程中，执行 Design 菜单下的_____命令，更换图纸的尺寸方向。

（64）元件的自动编号，其操作方法是执行 Tools 菜单下的_____命令。

（65）Protel 99 SE 提供了_____和直线条两种不同的网状的网格。

（66）双面板的基板上、下两面均覆盖_____，使上、下两面都可以印制导电图形。

（67）在 PCB 上，测量单位可以选择公制或英制，选择公制时，尺寸以_____为单位。

（68）执行 Tools 菜单中的_____命令进行自动布局。

（69）在双面板、多层板中，上下两层信号线的走线方向要相互_____，尽量避免平行走线。

（70）Protel 99 SE 编辑电原理图时，一般电源的网络标号定义为_____，地线的网络标号定义为 GND。

附：基本技能测评——*Protel*基本知识参考答案

1．单项选择题

（1）D（2）A（3）B（4）B（5）A（6）A（7）A（8）C（9）B（10）C（11）A（12）D（13）A（14）A（15）A（16）A（17）C（18）B（19）B（20）B（21）D（22）A（23）D（24）A（25）D（26）B（27）D（28）A（29）B（30）B

2．填空题

1．Computer Aided Design（计算机辅助设计）　2．方块电路　3．Clear　4．"File→New"　5．Delete　6．文件搬移　7．0.0254　8．Delete　9．Browse Sch　10．层次电路设计　11．Visible Grid　12．Space　13．AXIAL0.3～AXIAL1.0　14．Place Bus　15．Input　16．Update PCB…　17．设计文件管理器　18．Close（关闭）　19．Restore　20．栅格线　21．文件标签　22．Page Down　23．Snap Grid　24．X　25．文本框　26．2.54　27．32个　28．Multi Layer　29．Advpcb.ddb　30．100　31．显示或隐藏　32．文件夹或文件夹内的设计文件　33．Recycle Bin（回收站）文件夹　34．Empty Recycle Bin（清空回收站）　35．Page Up　36．Toolbars　37．100　38．Standard（标准格式）　39．Electrical Grid　40．Miscellaneous Devices .Lib　41．Top Overlayer　42．重叠　43．Output　44．Pad　45．.net　46．电气节点　47．显示可视栅格　48．垂直　49．Tab　50．New　51．公制　52．原理图　53．网络表　54．瞬时值　55．封闭的图形　56．画线　57．网络标号　58．Error　59．禁止布线　60．电气　61．Place Port　62．最短布线　63．Option　64．Annotate　65．点画线　66．铜箔　67．mm（毫米）　68．Auto Place　69．垂直或斜交叉　70．VCC

考核2　电子CAD绘图员考证模拟

考试说明：完成时间3h，在F盘建立专用文件夹，以自己的"学号+姓名"来命名。按要求完成作图，并保存。

1．绘制电路原理图（35分）

（1）在指定目录下新建一个以自己"学号+姓名"命名的文件夹，在该文件夹内建立自己名字汉语拼音的第一个字母大写命名的设计数据库文件。例例，王丽萍的文件名为"WLP.ddb"（5分）。

（2）在设计数据库文件下的 Document 文件夹中新建原理图文件，文件名为"语音录放.sch"

（3 分）。

（3）按图 J-1 尺寸及格式画出 SCH 图纸标题栏，用文本输入填写标题栏内文字，如题号为 CAD-A 卷。注意：尺寸单位为 mil，尺寸线不用标在图中（7 分）。

图 J-1　SCH 标题栏

（4）按照图 J-2 内容画图，SCH 库中没有的元件，请自制，参见下面的第 2 题（15 分）。

（5）将原理图生成网络表；输出材料清单报表（3 分）。

（6）保存文件（2 分）。

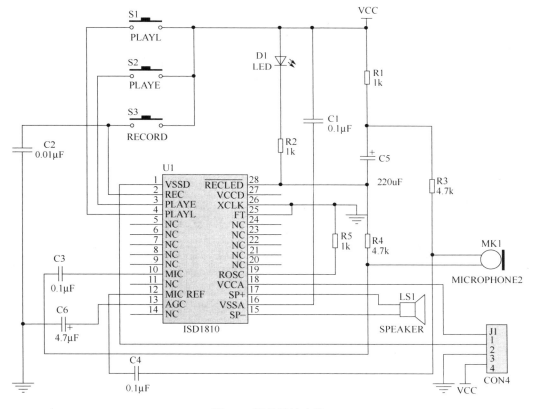

图 J-2　语音录放电路

2. 制作电路原理图元件及元件封装（25 分）

（1）新建语音录放芯片 ISD1810 的 SCH 元件（10 分）。

在 Document 文件夹中新建元件库 MYSch.lib，库中创建元件 ISD1810。设置好元件属性，保存操作结果。

（2）自制库中不合适的元件封装（15 分）。

在 Document 文件夹中新建封装库 MYPcb.lib。按照图 J-3 创建按键封装 KEY，按键的引脚直径为 45mil，选定合适焊盘大小（1mil=0.0254 mm）。按照图 J-4 提供的 ISD1810 信息，创建 DIP28 元件封装。保存操作结果。

图 J-3　元件封装 KEY

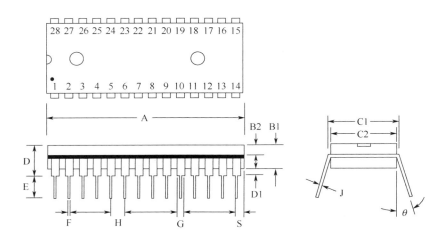

| | | INCHES | | | MLLIMETER& | |
	Min	Nom	Max	Min	Nom	Max
A	1.445	1.460	1.450	36.70	36.83	36.96
B1		0.150			3.81	
B2	0.066	0.070	0.075	1.65	1.78	1.91
C1	0.600		0.626	15.24		15.88
C2	0.530	0.540	0.550	13.48	13.72	13.97
D			0.10			4.83
D1	0.015			0.38		
E	0.126		0.135	3.18		3.43
F	0.015	0.018	0.022	0.38	0.46	0.56
G	0.055	0.060	0.005	1.40	1.52	1.65
H		0.100			2.54	
J	0.008	0.010	0.012	0.20	0.20	0.30
s	0.070	0.075	0.080	1.78	1.91	2.03
q	0°		15°	0°		15°

图 J-4　ISD1810 元件相关信息

3. 单面板设计（40 分）

（1）在 Document 文件夹中新建 PCB 文件，文件名为"语音录放.pcb"（2 分）。

（2）要求选择合适的引脚封装，如果没有时，要进行修改或新建，再调用（3 分）。

（3）查看更改 SCH 元件封装，将 SCH 内容转化为 PCB 文件（5 分）。

（4）PCB 布局。布局结果初步规划板子尺寸，规格为 X：Y=4：3。（5 分）。

（5）PCB 单面布线，一般导线宽度为 30mil，地线和电源线为 50mil；为便于热转印工艺，区分成导线与焊盘，将焊盘直径设置成椭圆形（60mil×80mil）（10 分）。

【提示】焊盘直径更改，可用全局属性修改。修改之后的焊盘间距可能违反电气规则。

（6）布局布线合理下尽量节省印制电路板面积，印制电路板空余部分接地敷铜。印制电路板边界调整修改，标注印制电路板尺寸（单位 mm）（5 分）。

（7）调整印制电路板元件标注位置和大小，不得放在图形轮廓和焊盘上，字体高度、宽度减半。注意：更改文本标注，可用全局属性修改（5 分）。

（8）观看 PCB 的 3D 图，预览底层 PCB 图和顶层丝印图（3 分）。

（9）生成 PCB 相关技术文档，并保存（2 分）。

电子绘图员考证——PCB 综合设计过程考核参照标准

考核得分	考核标准
90～100 分（A）	1）能设计个性化 SCH 图纸标题栏。 2）自制 SCH 元器件符号、完成 SCH 绘制。 3）自制 PCB 封装，并调用。 4）PCB 板子尺寸的精确定位。 5）布线合理，单面板飞线少于 3 根，飞线短且可在元器件面布置。布局合理，按钮、接插件位置方便操作。 6）电路电气检查没有错误，符合实际电路要求。 7）完成了 PCB 的设计，输出相关技术文档。进度快
80～89 分（B）	1）能设计个性化 SCH 图纸标题栏。 2）在规定尺寸的 PCB 上完成了 PCB 图单面板设计。 3）布局基本合理，按钮、接插件位置方便操作。 4）布线基本合理。 5）电路电气检查没有错误。 6）基本符合实际电路要求，完成了 PCB 的设计。 7）输出相关技术文档。进度较快
70～79 分（C）	1）基本会设计个性化 SCH 图纸标题栏。 2）不能精确定位 PCB 板子尺寸。 3）布局不太合理，电路电气检查有个别错误。 4）基本完成了 PCB 的设计，进度稍慢。 5）输出相关技术文档
60～69 分（D）	1）不会设计个性化 SCH 图纸标题栏。 2）不能精确定位 PCB 板子尺寸。 3）布局不太合理，电路电气检查有少量错误。 4）输出相关技术文档。 5）PCB 的设计进度较慢
59 分及以下（E）	1）自制元器件，基本完成 SCH 的绘制。 2）PCB 封装制作出现多处错误。 3）SCH 装入到 PCB 图有很多错误，导致后续很难操作。 4）基本不能进行 PCB 设计，设计流程进度不合理

附 录

附录 A　Protel 99 SE 常用元件与封装对照表

元件类型	SCH 元件		PCB 封装	
	元件名称	符号图例	封装名称	封装图例
电阻	RES1		AXIAL0.3～AXIAL1.0	
	RES2			
电阻排	RESPACK3 RESPACK4	略	SIP2～SIP20（数字不连续）	
电位器	POT1		VR1～VR5	
	POT2			
无极性电容	CAP		RAD0.1～RAD0.4	
电解电容	ELECTRO1		RB.2/.4～RB.5/1.0	
	ELECTRO2			
电感	INDUCTOR		用轴向封装代替，如 AXIAL0.4 （可自制封装）	
二极管	DIODE		DIODE0.4 DIODE0.7	
发光二极管	LED		SIP2 或 DIODE0.4（也可自制 封装）	
光敏二极管	PHOTO		DIODE0.7（可自制封装）	
三极管	NPN PNP		TO-92A	
			TO-92B	
			TO66	
			SOT-23（贴片式）	

续表

元件类型	SCH 元件		PCB 封装	
	元件名称	符号图例	封装名称	封装图例
可控硅	SCR		TO18	
变压器	TRANS1		自制	略
光电耦合器	OPTOISO1		自制	略
稳压管	ZENER2		DIODE0.7	
三端电源稳压块	VOLTREG	Vin GND Vout	TO-220	
			TO220H	
晶振	CRYSTAL		XTAL1	
整流桥	BRIDGE1		D-37	
			D-46	
双列直插式集成电路	如 74 系列（74LS00）		DIP14	
555 定时器	555	R VCC Q / TRIG DIS / CVolt GND THR	DIP8	

续表

元件类型	SCH 元件		PCB 封装	
	元件名称	符号图例	封装名称	封装图例
单排多针插座	CON1~CON50（数字不连续）		HDR1X4	
			HDR1X4HA	
4 端单列插头	HEADER4		HDR1X4	
双列插头	HEADER8×2		HDR2X8	
九针连接器	DB9		DB9/F	
			DB9/M	
继电器	RELAY-SPST		自制	略
单刀单掷开关	SW-SPST		自制	略
按钮	SW-PB		自制	略
扬声器	SPEAKER		RAD0.2	
熔断器	FUSE1		FUSE	
表贴元件	略	略	0805	
			SO-8	
			LCC16	
水晶插头	略	略	BU_TEL6H	

注：元件符号主要在原理图的 Miscellaneous Devices.ddb 和 Protel Dos Schematic Libraries.ddb 等库中；元件封装主要在 PCB 的 Advpcb.ddb 、Transistors.ddb、 Headers.ddb 和 International Rectifiers.ddb 等库中。表里列出的元件和封装只是一些样例，没有全部列出全部系列型号。

附录 B　GB 9316—1988 规定的印制电路板外形尺寸

mm

L \ B	20	25	30	35	40	45	50	55	60	70	80	90	100	110	120	130	140	150	160	180	200	220	240	260	280	300	320	360	400	450
25	○																													
30	●	●																												
35	○	○	○																											
40	●	●	●	○																										
45	○	○	○	○	○																									
50	○	○	○	○	○	○																								
55	●	●	●	○	○	○																								
60	●	○	●	○	●	○	○	●																						
70		○	○	○	○	○	○																							
80			●	○	●	○	○	●	●	○																				
90		○	○	○	○	○	○	○	○	○	○																			
100				●	○	○	○	●	●	○	●																			
110						○	○	○	○	○	○	○	○																	
120							○	●	●	○	●	○	○	○																
130							○	○	○	○	○	○	○	○																
140							○	○	○	○	○	○	●	○	○															
150							○	○	○	○	○	○	○	○	○															
160								○	●	●	○	●	○	●	○	○	○													
180									○	○	○	○	○	○	○	○	○													
200													●	○	●	○	○	○	●											
220															○	○	○	○	○	●										
240															●	○	○	○	●	○										
260																○	○	○	○	○	○									
280																	○	○	○	○	●									
300																		○	○	○	●									
320																			●	○	●	○	●	○						
360																				○	○	○	○	○	○					
400																							○	●	○	○	●	●		
450																										○	○	○	○	
500																													●	○

注：根据布局结果及印制电路板外形尺寸国家标准 GB 9316—1988 规定，选择印制电路板尺寸。其中"●"为优先采用尺寸，"○"为可采用尺寸。

附录 C　印制电路板的设计流程

1．Protel 99 SE 数据库中的主要设计文件

Protel 99 SE 数据库中的设计文件有 10 种类型，要求必须掌握的主要有 4 个设计文件，如图 C-1 所示，用浏览器观察的层次如图 C-2 所示。

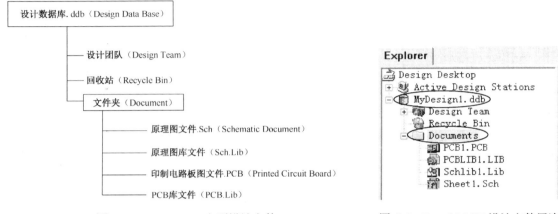

图 C-1　Protel 99 SE 主要设计文件　　　　图 C-2　Protel 99 SE 设计文件层次

2．原理图设计步骤流程

（1）新建原理图文件（.Sch）：执行菜单命令"File→New"，生成文件的图标为 Sheet1.Sch 。

（2）加载 Sch 库文件：单击 Add/Remove 按钮加载所需要的 Sch 库。若库中无此元件，需自制元件符号（"File→New"新建库文件的图标为 Schlib1.Lib ），库名为"Mysch.Lib"。

（3）放置元器件，有 3 种方法。

① 从加载的库里查找到元件，并放置到原理图中；

② 在 Filte 栏单击 Find 按钮，从 Sch 元件库里查找（此时不需要加载库文件）；

③ 执行菜单命令"Place→Part"（快捷键 P-P）或单击 Wiring Tools（连线）工具栏中的 按钮查找。

（4）布局：合理摆放元器件。

（5）连线：执行菜单命令"Place→Wire"（快捷键 P-W）或单击 Wiring Tools（连线）工具栏中的 按钮。

（6）电气规则检查（.ERC）：执行菜单命令"Tools→ERC"进行检查，直到无错为止。生成的 ERC 文件图标为 Sheet1.ERC 。

（7）生成各种报表文件：如执行菜单命令"Design→Create Netlist..."，创建网络表文件图标为 Sheet1.NET ；执行菜单命令"Reports→Bill of Material"，生成元器件列表文件图标为 Sheet1.XLS 等。

3. 印制电路板（PCB）设计步骤流程

（1）新建 PCB 文件（.PCB）：执行菜单命令"File→New"（或者利用向导创建 PCB 文件），生成文件图标为 PCB1.PCB 。

（2）加载 PCB 库文件：单击 Add/Remove 按钮加载所需要的 PCB 库。若 PCB 库里没有或尺寸规格不合理，需自制元件封装，库名为"Mypcb.Lib"。

（3）加载网络表：执行菜单命令"Design→Load Nets..."，也可由 Sch 直接更新（Update PCB）到 PCB。

（4）规划板框尺寸：物理边框在 Mechanical4 层，电气边框在禁止布线层（Keep Out Layer）。

（5）设置板框左下角为坐标原点。

（6）自动布局，手工调整。

（7）自动布线规则设置。

（8）手工布线（用一般连线方式 ～ ）或自动布线、手工调整（用交互式布线方式 ）。

（9）PCB 设计规则检查：执行菜单命令"Tools→Design Rules Check..."。

附录 D　Protel 99 SE 软件不能添加库问题的解决方法

Protel 99 SE 软件在运行时会遇到库文件无法加载的问题，如图 D-3 所示。　一般解决的方法往往是退出软件或重启计算机，比较麻烦。采用以下方法可很方便地进行库文件的修改与添加。

图 D-3　无法添加原理图 Sch 库提示

1. Sch 库文件的添加

（1）在 C 盘 Windows 中找到 Advsch99se.ini 文件，使用记事本方式打开，在[Change Library File List]中找到 Count=1，下面 File0 等一串文字描述的就是 Protel 系统自动添加的库文件 Miscellaneous Devices.ddb（图 D-4）里的 ini 文件相关信息。

[Change Library File List]

…

Count=1

File0=D:\protel99se\Library\Sch\Miscellaneous Devices.ddb

（2）修改方法（修改的地方用下画线标记）：以添加 Protel DOS Schematic Libraries.ddb 这个库文件为例 。

　[Change Library File List]

<u>Count=2 </u>

File0=D:\ protel99se \Library\Sch\Miscellaneous Devices.ddb

<u>File1=D:\ protel99se \Library\Sch\Protel DOS Schematic Libraries.ddb </u>

说明：因为添加了文件，所以 Count 的数值要改成 2，File0 改写成 File1，而且库文件的路径和名称都要正确，添加多个文件就以此类推。最后一行多了 Protel DOS... 的一串文字就是刚才添加的，在 Protel 中看到添加后的库文件如图 D-5 所示。

图 D-4　添加前的原理图库文件　　　　图 D-5　添加后的原理图库文件

2．PCB 库文件的添加

（1）在 C 盘 Windows 中找到 Advpcb99se.ini 文件，使用记事本方式打开；在[PCB Libraries]中找到 Count=1，下面的 File0 等描述的就是系统自动添加 Advpcb.ddb 里的 PCB Footprints.lib 库文件，可以在 Protel 中看到，如图 D-6 所示。

Advpcb99se.ini 文件的相关信息如下 ：

…

[PCB Libraries]

Count=1

File0=D>MSACCESS:$RP>D:\Design Explorer 99 SE\Library\Pcb\Generic Footprints$RN>Advpcb.ddb$OP>$ON>PCB Footprints.lib$ID>-1$ATTR>0$E>PCBLIB$STF>

打开 Advpcb.ddb 文件，显示的 PCB Footprints.lib 才是真正的 PCB 库文件。当我们新建了 LIB 文件时，添加路径是 LIB 所在的 DDB 文件路径（LIB 文件是存放在 DDB 文件夹里的）。

（2）修改方法（修改的地方用下画线标记）：以添加 Miscellaneous.ddb 库文件为例。

…

[PCB Libraries]

…

<u>Count=2 </u>

File0=D>MSACCESS:$RP>D:\Design Explorer 99 SE\Library\Pcb\Generic Footprints$RN>Advpcb.ddb$OP>$ON>PCB Footprints.lib$ID>-1$ATTR>0$E>PCBLIB$STF>

File1=D>MSACCESS:$RP>D:\Design Explorer 99 SE\Library\Pcb\Generic Footprints$RN>Miscellaneous.ddb$OP>$ON>Miscellaneous.lib$ID>-1$ATTR>0$E>PCBLIB$STF>

说明：因为添加了文件，所以 Count 的数值要改成 2，File0 改写成 File1，而且库的路径和名称都要正确，需要分别对 DDB 和 LIB 文件的名称修改，添加多个文件以此类推，最后一行多了 Miscellaneous.lib... 的一串文字就是刚才添加的。经对比，在 Protel 中看到添加前后的 PCB 库文件如图 C-6 和图 C-7 所示。

图 D-6　添加前的 PCB 库文件

图 D-7　添加后的 PCB 库文件

参 考 文 献

[1] 赵景波等．Protel 99 SE 应用与实例教程[M]．北京：人民邮电出版社，2009．

[2] 国家职业技能鉴定专家委员会，计算机专业委员会．Protel 99 SE 试题汇编（修订版）[M]．北京：科学出版社，2011．

[3] 陈桂兰．电子线路板设计与制作[M]．北京：人民邮电出版社，2010．

[4] 潘永雄等．电子线路 CAD 实用教程（第 3 版）[M]．西安：西安电子科技大学出版社，2007．

[5] 精英科技．电路设计完全手册[M]．北京：中国电力出版社，2001．

[6] 清源计算机工作室．Protel 99 原理图与 PCB 设计[M]．北京：机械工业出版社，2001．

[7] 谢淑如等．Protel PCB 99 SE 电路板设计[M]．北京：清华大学出版社，2001．

[8] 刘天旺．Protel 99 SE 电路设计应用教程[M]．北京：电子工业出版社，2007．

[9] 兰建花．电子电路 CAD 项目化教程[M]．北京：机械工业出版社，2012．

[10] 万胜前等．Protel 99 SE 电路设计与制板项目式教程[M]．北京：清华大学出版社，2010．

[11] 刘秋艳等．Protel 99 SE 电路设计 [M]．上海：上海交通大学出版社，2011．

[12] 及力．电子 CAD——基于 Protel 99 SE[M]．北京：北京邮电大学出版社，2008．

[13] 李东生．Protel DXP 电路设计教程[M]．北京：电子工业出版社，2006．

[14] 曾峰等．印刷电路板（PCB）设计与制作 [M]．北京：电子工业出版社，2003．

[15] 何希才．新型集成电路及其应用实例 [M]．北京：科学出版社，2003．